国家林业和草原局普通高等教育"十三五"规划教材

MANUFACTURING TECHNOLOGY OF UPHOLSTERED FURNITURE

软体家具制造工艺

徐 伟　顾颜婷 / 主编　　吴智慧 / 主审

U0199352

中国林业出版社

图书在版编目(CIP)数据

软体家具制造工艺／徐伟，顾颜婷主编. —北京：中国林业出版社，2020. 12
国家林业和草原局普通高等教育"十三五"规划教材
ISBN 978-7-5219-1005-6

Ⅰ. 软…　Ⅱ. ①徐…②顾…　Ⅲ. 家具-生产工艺-高等学校-教材　Ⅳ. ①TS664. 05

中国版本图书馆 CIP 数据核字（2021）第 019989 号

策划编辑　杜　娟　　　　**责任编辑**　杜　娟　赵荷旎
电　　话:83143553　　　　**传　　真**:83143516

出版发行　中国林业出版社（100009　北京市西城区德内大街刘海胡同 7 号）
　　　　　　电子邮件:jiaocaipublic@163.com
经　　销　新华书店
印　　刷　北京中科印刷有限公司
版　　次　2020 年 12 月第 1 版
印　　次　2020 年 12 月第 1 次印刷
开　　本　889mm×1194mm　1/16
印　　张　10
字　　数　290 千字
定　　价　40.00 元

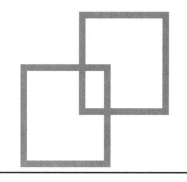

前　言

　　我国是软体家具制造和消费大国。软体家具产业规模大、发展快，在家具产业中竞争力强。随着新工业时代的到来，我国的软体家具制造业正顺应智能制造的大潮，着力向工业 4.0 迈进。这也对软体家具设计与制造相关专业提出了多学科交叉融合的"新工科"人才培养新要求。

　　本教材以"材料—结构—工艺—设备"为知识主线，从我国软体家具产业现状、家具工业生产需求和"新工科"专业教学要求出发，全面系统地讲解了软体家具中沙发和床垫两大类产品制造的基本原理、基本方法、基本流程及关键工艺技术。教材注重理论与实践相结合，技术资料丰富，图表资料翔实，内容紧跟时代步伐，集中反映了当代软体家具生产制造的最新成果和发展趋势，体现了科学性和实用性的统一。在吸收国内外前沿技术研究成果和总结大量生产实践经验的基础上，通过引入典型案例、前沿专题等来丰富教学内容，普及软体家具先进制造技术和发展理念。此外，在本教材的编写过程中，注重启发学生在专业知识学习中领悟传统工匠精神的真谛，倡导绿色生态和可持续发展理念，将价值引领寓于知识传授与能力培养之中，实现专业教育与思政教育有机融合。本教材涉及面广，适合于家具设计与工程、木材科学与工程、工业设计、产品设计等相关专业或专业方向的学生使用，同时也可供家具企业、设计公司的工程技术与管理人员作为学习参考。

　　本教材共分 8 章，包含软体家具概述、软体家具材料、沙发结构、沙发制作工艺、沙发出模与打样、床垫结构、床垫制作工艺、软体家具数字化加工设备与先进制造技术等主要内容。本教材由南京林业大学吴智慧提出编写大纲，徐伟、顾颜婷编写，最后由徐伟、吴智慧统稿和修改。

　　本教材的编写与出版，承蒙南京林业大学家居与工业设计学院和中国林业出版社的筹划与指导。此外，本教材还引用了国内外相关文献和有关科研成果与生产实践经验，在此对这些文献的编写者、成果与经验的创造者表示最衷心的谢意；特别感谢力克系统(上海)有限公司、南京金榜麒麟家居股份有限公司、顾家家居股份有限公司、Kun Design Furniture Company 等企业提供的帮助；同时，也向所有关心、支持和帮助本教材出版的单位和人士表示感谢！

　　由于作者水平所限，教材中难免存在不足，敬请广大读者给予批评指正。

徐　伟

2020 年 12 月

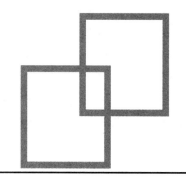

目 录

第**1**章
概　论

【本章重点】
1. 软体家具的定义及其分类。
2. 沙发的定义、分类及其特点。
3. 床垫的定义、分类及其特点。
4. 软体家具行业发展概况。

1.1　软体家具的定义及分类

软体家具是人们居家生活中必不可少且与人体密切接触的一类生活用具。所谓软体家具，是以钢丝、弹簧、绷带、泡沫塑料、乳胶海绵、棕丝等为弹性填充材料，以纺织布料、皮革等软质面层材料包覆制成的家具。软体家具最大的特点是与人体接触的部位由软性材料制成或由软性材料饰面。

软体家具通常分为沙发和床垫两大类，主要包括沙发、床垫、软椅、软凳、软座垫、软靠垫等。此外，还有充气或充水软体家具。图 1-1 所示为各种类型的软体家具。随着时代的变迁，人们对生活品质和个性化的需求越来越高，软体家具的品类变得更为丰富，功能和舒适性方面都有了长足的进步和发展。现代软体家具需符合造型科学、尺寸合理、弹性适度、用料讲究、做工精细的特点，不仅能给人们以健康愉悦的精神享受，更应有利于工作、学习或休息，从真正意义上体现其价值。

1.1.1　沙　发

沙发是起居室的重要家具之一，它占据了起居室的主要位置，是家人团聚，接待友人的重要家具，沙发的款式、尺度、用料、色彩和质地对形成居室祥和氛围有着积极作用。

1.1.1.1　沙发的起源与发展

沙发的发展经历了漫长的道路。早在公元前 2000 年左右的古代埃及，人们就开始用兽皮蒙垫椅、凳的座面，也用皮革、灯芯草或亚麻绳索编织座面，可以认为是世界上最早的软体家具。古希腊人也生产了相似的家具，并开始使用织物包封的软垫。公元前 1 世纪的罗马帝国时期，已经出现了沙发的"雏形"制品。在著名的历史城市庞贝挖掘出土的蒲克雷亚瑞家用器具中，有一件用象牙和黑檀木制作的躺椅，已经具有了较高的制作水平。

较早的软包沙发出现于 16 世纪末和 17 世纪初。当时的沙发主要用天然的弹性材料作为填充物，以形成一种柔软的人体接触表面。材料主要有马鬃、禽羽、植物茸毛等，外面用天鹅绒、刺绣品或其他织物蒙面。它比硬坐具不仅更舒适，而且更华丽。这种产品一出现就受到了人们的欢迎。当时法国的路易十三式(即法国文艺复兴式)、路易十四式(巴洛克式)、路易十五式(洛可可式)以及英国的伊丽莎白式等均已开始采用软垫装饰。

（a）沙发　　　　　　　　　（b）沙发凳　　　　　　　　　（c）休闲躺椅

（d）沙发椅　　　　　　　　（e）充气沙发　　　　　　　　（f）沙发床

（g）床　　　　　　　　　　　　　　　　　（h）床垫

图 1-1　各种类型的软体家具

当时欧洲普遍流行的供大众使用的华星格尔（Farthingle）椅，也是最早的沙发椅之一。17～18 世纪，在欧洲国家流行的洛可可式沙发，款式别致。各种舞会厅、会客厅、沙龙，也都使用一些经过精雕细刻、带有天鹅绒或花布垫衬的软椅。英国、德国、葡萄牙、西班牙、意大利、希腊、俄国都十分流行带有雕刻的沙发椅、沙发床之类的家具。图 1-2 为不同时期的欧洲古典沙发风格。

自 17 世纪沙发开始流行至 18 世纪初，弹簧尚未在沙发中获得应用，弹簧是在 1828 年以后开始出现的。1904 年，莫里斯（Morris）发明了弹簧的组装体，他将成组的喇叭弹簧装入框架内，它是现代深座弹簧沙发的先例。20 世纪 20～30 年代，英国某弹簧公司发明并完善了袋装弹簧。这种弹簧是圆柱体的，直径 75mm，高 100～120mm，将这种弹簧逐个装入形状相符、大小一致的平纹细布小袋中，然后根据座垫和靠背的形状和面积，将一定数量的袋装圆柱弹簧连接在一起，装入沙发的相应部位。

20 世纪 20 年代，一个叫丹洛甫（Dunlop）的人又发明了一种软垫新工艺——橡胶发泡工艺。它是在天然橡胶乳液中充入气体，然后倒入模具成型并烘干，从而获得一种弹性填料——发泡橡胶。发泡橡胶的应用大大简化了沙发的填装蒙面工艺，而且具有弹簧软垫等的外观质量与功能效果。

第二次世界大战以后，由于木材供应短缺，金属材料一度盛行。随着发泡橡胶和泡沫塑料软垫的问世以及悬吊的安装形式产生，家具设计师喜欢采用电镀的管钢、扁钢或铝合金制作沙发框架，座面、靠背和扶手等与人体接触部位使用布料或皮质包覆。钢架制作工艺简单、形式多样，使得沙发从稳定笨拙的形象中解脱出来，获得了前所未有的轻巧多姿的外观。这一时期最为典型的是包豪斯学派的经典作品，如图 1-3 所示马歇·布劳耶设计的瓦西里椅、密斯·凡·德罗设计的巴塞罗那椅。

20 世纪 60 年代，人们开始了充气、充水软垫的试制。由于塑料工业的发展，聚氯乙烯（PVC）材

（a）法国文艺复兴风格　　（b）荷兰和佛兰德巴洛克风格　　（c）英国巴洛克风格　　（d）摄政和路易十五风格

（e）路易十五洛可可风格　　（f）托马斯·奇彭代尔式风格　　（g）路易十六风格　　（h）内阁和帝政风格

（i）赫普尔怀特风格　　（j）摄政风格　　（k）彼德迈风格　（l）帝政（希腊复兴）风格　　（m）维多利亚古典风格

图 1-2　不同时期的欧洲古典沙发风格

（a）瓦西里椅　　　　　　　　　　（b）巴塞罗那椅

图 1-3　包豪斯学派设计的金属框架沙发椅

料性能的提高，使充气、充水软垫最终得以实现。充气、充水软垫在很多国家成批生产并投入市场。

20世纪末，出现并流行一种新型沙发框架——模塑成型的壳体结构，它由多孔的聚苯乙烯或坚硬的聚氨基甲酸酯模压而成，塑料壳体一般还要预先埋入一个用于与金属底架结合的连接部件。

在中国，沙发是一种舶来品。但人们对于使用生活用具时的舒适度的追求和使用软垫的习惯，早在汉代就已出现。《西京杂记》中描绘汉代王公们的生活情景时有"汉制天子玉几，冬则加绨其上"，这种缚有厚层织物的坐具"玉几"，可以看作是我国沙发的"祖先"。唐代，宫廷中已经出现软垫的"御椅"，虽然造型和制作技术十分讲究，但是按照结构要求来衡量，仍然属于简易沙发。到了明清时代，家具设计和制作技术有了新的突破，出现了蜚声世界的明清家具，在软垫家具结构上却没有很大的进展。

1840年沙发由英国传入我国。当时，由于原辅材料依靠进口（如盘簧、马棕、骑马钉等，都是由英国进口），沙发的制造工艺被少数人所掌握，并为少数人服务，因此发展缓慢。20世纪30~40年代，我国上海、天津、汉口等地的沙发制造工业已达到兴旺时期。上海较早经营沙发业的有泰昌公司、毛全太家具店、福利公司、惠罗公司、美艺公司等。并且出现了一些专业制造和经营沙发原辅材料的厂商，例如上海的乾泰弹簧厂，就是当时较早制造和经营各种规格的沙发弹簧厂之一。新中国成立初期，我国的沙发制造业初具规模，仅上海一地就有三四十家沙发作坊，拥有300名左右沙发工人，从事沙发制作。随着我国人民生活水平的不断提高，沙发逐渐成为我国人民所喜爱的家具。60~70年代沙发被看作是资产阶级生活方式而被迫停产。70年代末沙发恢复生产后，由于其实用性强，不仅是消除人们疲劳的休息用具，而且还能减轻工作时的疲劳强度，因此它的使用越来越广泛，沙发开始进入寻常百姓家。

如今，沙发已经成为我国家家户户不可缺少的家具，人们对沙发的式样、用料以及舒适度的要求越来越高，功能要求也越来越细化。除了各类休息座椅外，还有各类汽车、飞机、轮机座椅，工厂和医院的操作椅，以及各种办公及工作座椅，各类床垫等，都要求制成沙发类的软体结构。目前我国各大、中型城市都建有沙发厂，制造和经营各类沙发，这些沙发在造型和工艺上得到国内外客户的好评和欢迎，有的沙发品种已畅销国际市场。

经过两千多年的发展，无论从材料、造型、结构、功能，还是制作工艺方面，沙发的变化巨大，已今非昔比。随着许多新材料、新技术的应用，出现了令人耳目一新的钢结构沙发、铝型材沙发、全塑沙发、充气沙发等新品种，壮大了沙发的阵容。沙发的造型也更加新颖、大方、美观，具有强烈的时代感。结构设计也更为科学、合理，与人体工程学的结合日益紧密，能更好地适应人体形态、生理条件的要求，坐卧使用更为合适。随着科技时代的飞跃发展和人们生活品质的日益提高，沙发制造正向着智能制造与个性化定制的新方向发展。

1.1.1.2　沙发的概念与内涵

Couch（长沙发）这个词来源于法语，从法语动词coucher（躺下，上床）演化来的。此类家具既可以用来坐，也可以用来卧。考古学家认为couch是一种没有扶手的沙发，在一端还常有一个软枕。实际生活中，couch主要是用来坐的，同时还有扶手和靠背，多数couch都有包布包覆。

Sofa（沙发）是couch的同义词，来源于阿拉伯语suffah——"长凳"。沙发床是其变种，通常可以把它竖起的靠背放下到水平位置而变成床。三用沙发（studio couch）是这种形式演变而来的，其内部有一个单独的床架，可以从长沙发下面拉出来。

Davenport（两用沙发）也是couch或sofa的同义词。据说这是一个波士顿家具技师的名字，他擅长于沙发包布，这些沙发质量极佳，非常时髦，以致被称为davenport，这个名字至今仍在使用。

用来表达这种家具的另一个词是divan。尽管divan这个词今天被法国人使用，然而它似乎是从普鲁士或土耳其语演变成英文的。还应该提到的是lounge，尽管这个词的发音疑是法语，但它的来源却不清楚。它有couch的坐和卧的两个功能，一端是包布扶手，而另一端则是敞开的。

Settee由长凳发展而来，可以认为是一种非常优秀的长凳。长凳和凳子一样向椅子的方向扩展，加了扶手和靠背，这就是settee。settee源自哥特语，由settle发展而来。

"沙发"是从国外流传到我国的一种家具，是英文sofa一词的译音，国外人们所称的"沙发"一般是指三人座椅，也就是长沙发，是一种专为容纳两个或多人坐着或一个人横卧设计的带有靠背及扶手的带垫子的椅子。我国已习惯地将"沙发"

引申为所有的软体座椅。

国标 GB/T 28202—2011《家具工业术语》中，将"沙发"定义为"一种使用软质材料、木质材料或金属材料制成，具有弹性软包，且有靠背、扶手的坐具"。它包括狭义和广义上的两层内涵。狭义的沙发是指一种装有弹簧软垫的低座靠椅。然而随着社会发展与技术进步，沙发的含义远远超出了这一范畴。广义来说，凡是装有软垫或装有柔软接触表面的座、卧用具，均可称为沙发或冠以"沙发"二字，如沙发凳、沙发椅、沙发床等。同时软垫的构成也不一定是弹簧。它既可以单纯用具有弹性的植物纤维、动物毛发、发泡橡胶和泡沫塑料等填充物构成，也可以用藤皮、绳索编织而成，还可以在密封的软套内充气或充水而成，当然，也可以用弹簧与弹性填充物配合使用复合而成。沙发的中心含义是软，它与人体的接触部位有着柔软的接触表面。为了与其他家具相区别，所以又统称软家具。

1.1.1.3　沙发的分类

沙发的种类与款式较多，可从沙发的框架制作材料、饰面制作材料、规格和造型、功能和风格五个方面进行分类。

（1）以框架制作材料分类

木制框架沙发　以木质材料为主要框架结构材料，沙发内框架由若干木质零部件按照不同的式样，用榫、钉等接合方式装配而成（图1-4）。软体部分辅以弹簧、海绵、松紧带等弹性软垫物，外表用布料、皮革等面料包覆制作成型。木制沙发的制作历史较为悠久。木制框架沙发结构强度较高，外露木质部件还可以进行雕刻、涂饰等。不足之处主要是需用的辅助材料较多，制作工艺比较复杂，技术精度要求较高，制作时费工费力，

造价较高。同时，木制框架沙发大部分比较笨重，使用和搬运不方便。

随着加工工艺的不断进步，方材弯曲和胶合弯曲成型工艺也被广泛采用（图1-5），其结构轻巧灵活，造型多变加工较为方便。

金属框架沙发　以一定规格的镀镍钢管或氧化的铝型材等为框架结构材料（图1-6），弹性软垫物大体上与木制沙发相同。常见的金属框架沙发有简易金属沙发折椅、沙发椅、单人沙发、多用沙发、沙发床等。金属框架沙发造型美观，外表色彩鲜艳，在座面和靠背处，采用富有弹性的软垫物，使用舒适，较为灵便。金属沙发的框架材料，可按设计要求进行弯曲成型，批量生产。由于金属本身给人一种"触之以硬、视之以冷"的质感，因此，在沙发表面的色彩处理上，尽量使用一些柔和、暖色的色调进行调和。另外，金属材料，特别是钢质材料表面在潮湿等条件下易氧化生锈，因此表面保护十分重要。通过表层涂镀，为金属穿上一件防护性的"外衣"，可抗氧化生锈，还可增强沙发的美感效果。

塑料框架沙发　以塑代木作结构材料，通过发泡或浇注后成型的沙发（图1-7）。塑料沙发更新了传统的沙发制作工艺，具有外形美观、工艺简单、结构一体、使用轻巧、坐感贴体等特点。塑料框架沙发主要用聚苯乙烯发泡成型或使用聚氨酯塑料浇注、模塑成型。塑料框架沙发的制作可先用硬质聚氨酯塑料按设计的沙发尺寸浇注成"骨架"，再用金属件把框架、靠背、扶手等"骨架"连接成一体。座身部分先作成凹型，然后连接弹簧，再把软质聚氨酯注入模腔，进行热塑发泡，成型后用面料包覆，即成为一件理想的塑料沙发。塑料框架沙发的制作有利于产品的部件化、标准化、通用化，可以大批

图1-4　木制框架沙发

图1-5　弯曲成型沙发

图1-6　金属框架沙发

量进行生产，成本较低。塑料沙发的主要品种包括沙发椅、单人沙发、沙发床等。

充气沙发 是把承重的骨架和弹力垫精巧地结合在一起，用塑料薄膜或其他非透气性弹力材料制作气室，通过充气利用空气的张力，形成一定的形状，供坐卧使用。充气沙发无棱无角，柔软，轻便，使用起来颇为"得心应手"。使用时，只需几分钟时间用充气工具注满气体即可。在居室使用还具有灵活便当的优点，不用时可放出气体，折叠起来保管，以免占用室内活动面积。

外出时，还可随身携带，是理想和受欢迎的旅游家具。较常见的品种有充气沙发椅、充气沙发、多用充气沙发、充气沙发床等。常见的充气沙发，气垫包里层为气囊，外部用人造革包覆，充分利用了流体力学的原理，可坐可躺，适应性强。同时，由于充气沙发的可塑性强，不受使用者的体型、高矮、胖瘦等因素的限制。充气床体充入空气以后，轻软适意，睡卧时有利于尽快解除疲劳。

充气沙发的成本较低，经济实用，其成本只相当于木制沙发的 2/3。充气沙发在我国起步较晚，但近年来有较快发展。

充气沙发分为整体式充气沙发和分体式充气沙发。整体式充气沙发(图 1-8)采用隔墙和拉筋结构，结构复杂，不便加工，维修困难。分体式充气沙发(图 1-9)是采用一系列不同形状的单体气囊，经一定方式组合成不同形体的充气沙发。由于它们的组成部分是分体独立气囊，形状简单，故加工、维修方便。这种充气沙发可根据人体部位对沙发各部位软硬程度的不同要求，分别对单体气囊充气，而且软硬程度完全可通过充气和排气自行调节。

竹制沙发 以竹子为主要结构材料制作的沙发。我国竹材来源较广，从黄河流域到海南岛都是竹子的产地。竹子具有坚而不脆，韧中有刚的特点，表面光滑圆润，质地细腻，容许应力(单位面积上所允许承受的力)超过大多数木材，并且有很好的抗湿、抗腐能力，因此，比较适宜用作软体家具的制作材料。竹制沙发椅、竹制沙发摇椅、沙发床及其他各种沙发，都是先利用竹材制成框架，按传统的沙发制作工艺包覆成型。由于承托座面的竹材弹性较大，可省去弹簧，只用海绵做衬垫物。竹制沙发摇椅的框架保持了竹子的自然形态，别具一格，刚性和韧度适中，宜于休憩。竹制沙发床充分利用竹材的特点，做工精细，结

构严谨，常在表面烙烫出瑰丽的山水画或人物画图案，集实用和艺术于一体，成为竹制工艺沙发床。竹制沙发(图 1-10)在我国南方较多，也是开辟节约木材的重要途径。

藤制沙发 是竹制沙发的"孪生姊妹"，精致轻巧，经久耐用，并具有鲜明的地域特色。藤制沙发(图 1-11)以藤芯和藤皮做主要结构材料，同木结构材料相比，其顺纹抗拉强度约为木材的 3 倍，其静曲强度也大大高于木材，因此，是较为理想的家具材料。制作时先按设计图样，用藤茎做成框架，再按沙发制作工艺包覆衬垫物。外露部分先用藤皮进行缠绕，再进行涂料涂饰。常见的有藤制沙发椅、沙发床等。藤制沙发宜作为夏令坐卧用具，面色选择应尽量浅淡，使人产生轻松和凉爽的感觉，同时又美观雅致。

多层胶合弯曲木沙发 利用多层胶合弯曲木制成的沙发部件组成构件，然后装上软垫就可成为式样多变的沙发(图 1-12)。多层胶合弯曲木沙发的构件强度很大，而且可塑性强，可以满足沙发构件的力学和造型的各种要求。

(2)以饰面制作材料分类

皮革沙发 皮沙发，皮面光洁整齐，手感柔软富有弹性，色泽均匀。皮革沙发(图 1-13)有真皮和人造皮之分，真皮采用天然皮革，主要有牛皮、羊皮和猪皮；人造皮则有再生皮、PU、PVC等皮革。二者性能、价格差异较大，购买时要注意区分。天然皮革具有规律的天然毛孔和皮纹，人造皮则没有。真皮沙发的保养很重要，如果保养不当会褪色、陈旧，失去光泽，使皮革缺乏延展性而使沙发变形。

布艺沙发 是以纺织品为面料做的沙发(图 1-14)。手感柔软，图案丰富，造型新颖。布艺沙发有多种风格，美式和欧式乡村风格的布艺沙发经常采用碎花或者格纹布料，以营造自然、温馨的气息；西班牙古典风格的布艺沙发常用织锦和夹着金丝的缎织布料，气质华贵；意大利风格的布艺沙发简洁大方，常用极鲜明或极冷调的单色布料，个性独特。布艺沙发可以将布套取下清洗，也可以根据自己的喜好再定做别样的布套，依照心情更换。由于布花的多变，可以搭配不同的造型，也可以搭配不同的材料，营造多元的风格。

市场上销售的布艺沙发一般有低背布艺沙发、高背布艺沙发和介于两者之间的普通布艺沙发三种。

图1-7　塑料框架沙发

图1-8　充气沙发

图1-9　分体式充气沙发

图1-10　竹制沙发

图1-11　藤制沙发

图1-12　多层胶合弯曲木沙发

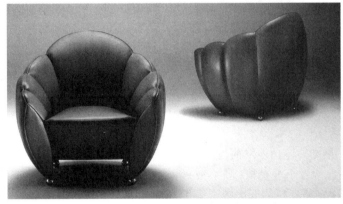

图1-13　皮革沙发

（a）低背布艺沙发

（b）高背布艺沙发

（c）普通布艺沙发

图1-14　布艺沙发

低背布艺沙发：属于休息型的轻便椅。它以一个支撑点来承托使用者的腰部（腰椎），这种布艺沙发靠背高度较低，一般距离座面 370mm 左右，靠背角度也较小，而且整个布艺沙发外围尺寸相应缩小。这种布艺沙发搬动比较方便、轻巧，占地面积小。

高背布艺沙发：又称航空式座椅。它的特点是有三个支撑点，使人的腰、肩部、后脑同时靠在曲面靠背上。这三个支撑点在空间上不构成一条直线，因而制作这种布艺沙发对技术要求较高，购买时挑选难度也比较大。制作高背布艺沙发的木架，必须在架子上明确地做好三点所构成的转折面，否则进行布艺沙发蒙面等工序时就难于确保支撑点的位置，给使用者带来不舒适感。选购高背布艺沙发时要注意其靠背的三个支撑点的构成是否合理、妥当，可通过试坐加以判定。高背布艺沙发是从躺椅演变而成的。为提高休息性能，还可配以脚凳，放置于布艺沙发前，其高度可与布艺沙发座面的前沿高相同。

普通布艺沙发：市场上销售的多为这类布艺沙发。它有两个支撑点承托使用者的腰椎、颈椎，能获得与身体背部相配合曲面的效果。此类布艺沙发靠背与座面的夹角很关键，角度过大或过小都将造成使用者的腹部肌肉坚强，产生疲劳。同样，布艺沙发座面的宽度也不宜过大，通常按标准要求在 540mm 之内，这样使用者的小腿可随意调整，休息得更舒适。

另外，除了皮沙发与布艺沙发外，还有皮配布沙发，即饰面材料是皮与布的结合。

（3）以规格和造型分类

简易沙发 包括沙发椅（图 1-15）、沙发转椅（图 1-16）、沙发折叠躺椅（图 1-17）等。具有结构简单、使用轻便、价格低廉等特点。

沙发椅的造型和结构大体上同座椅差不多，座面同沙发结构也相似。靠背全部或部分包覆衬垫物。较之普通座椅，沙发椅具有柔软适中，久坐不易疲劳的特点。

还有一种带扶手的沙发椅，也称安乐椅，规格大体上同沙发相同，只是座面和靠背采用软包结构，两侧有木制悬臂式或金属等硬质扶手，用于承托双肘。安乐椅大多数供单人坐倚，座宽同单人沙发相似，座高略大于单人沙发，造型和款式比较多。

沙发转椅的结构和造型比较新颖，整个座面以下部分，多数用金属、塑料或木制的柱式架承托和

（a）沙发椅

（b）安乐椅

图 1-15　简易沙发

图 1-16　沙发转椅

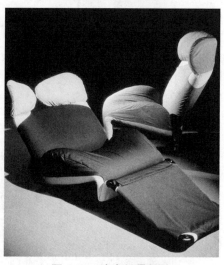

图 1-17　沙发折叠躺椅

支摆，呈转轴结构，可转动和升降。座面、靠背和扶手采用软垫，具有舒适和使用灵活等优点。

沙发折叠躺椅同一般躺椅的结构相近。框架需要用抗压强度较大的木材或金属材料制作。表面材料大多用亚麻布、尼龙等纺织品。内部用泡沫塑料充填，具有轻便、柔软、可叠合、占地少等特点。

单人沙发　是供一个人倚坐休息的软包家具，靠背、座面和两侧扶手都采用软垫结构。倚坐时舒适、自然，有利于恢复精力。多在卧室、书房、客厅、休息室等地使用。由于制作材料的差异，单人沙发（图1-18）的款式多种多样，但基本结构大体一致。

多人沙发　规格较大，座面较宽，可供两人以上倚坐使用。多人沙发（图1-19）多数放置在会客室、休息室和较宽敞的房间内。由于占地较大，在窄小的房间里使用受限。

多功能沙发　多为坐卧两用沙发（图1-20）。既可以做普通沙发使用，也可以躺下休闲使用。

（4）以功能分类

普通沙发　不论其造型、款式、结构、制作材料有什么差别，按功能而论，只起到倚坐的作用。

沙发床　沙发床（图1-21）属于软垫结构床类，使用功能同普通床相同，同时可以作为卧具，制作比较精细，款式因制作材料不同而异。

组合沙发　是将单件沙发根据功能需要，有规律地排列和组合在一起，并可根据设计要求改变组合方式，以适应实际要求。芬兰设计师设计的Pod休闲组合沙发是一个通用的系统，基本模块（图1-22）包括软包座位、屏风和茶几三部分。座位体积小，易搬动，可单独使用，也可与屏风结合使用，创造更私密的空间。将三个基本模块进行重组，可组成不同形式的交流空间（图1-23）。同时，在设计方面也提供了多种配色方案。

图1-18　单人沙发

图1-19　多人沙发

图1-20　多功能沙发

图1-21　沙发床

图1-22　Pod沙发的基本模块

图1-23　不同组合形式的Pod沙发

智能按摩沙发　智能按摩沙发是利用机械滚动原理和机械挤压原理制成的具有坐倚功能和保健功能的软体家具。按照保健功能不同，可分为投币按摩沙发椅、按摩沙发折椅、按摩沙发摇椅、足浴沙发椅、转动按摩沙发椅，如图 1-24 所示。

图 1-24　智能按摩沙发(图片来源：iRest)

（5）以风格分类

美式沙发　十分舒适，但占地面积较大。美式沙发突出特点是非常松软舒适。目前许多沙发已经全部由主框架加不同硬度的海绵制成。而许多美式沙发底座仍在使用弹簧加海绵的设计，从而结实耐用。

日式沙发　最大的特点是它的栅栏状的木扶手和矮小的设计。这样的沙发适合崇尚自然而朴素的居家风格人士。这种沙发也适用于腿脚不便、起坐困难的老人，使他们感到更舒适，起坐也更方便。

中式沙发　中式沙发的特点在于整个裸露在外的实木框架，上置的海绵椅垫可以根据需要撤换。这种灵活的方式使中式沙发深受许多人的喜爱：冬暖夏凉，方便实用。

欧式沙发　富于现代风格的欧式沙发大多色彩典雅、线条简洁。这种沙发适用的范围也很广，置于各种风格的室内空间感觉都不错。

除此之外，还有很多风格各异的、特色鲜明的沙发。如图 1-25 所示沙发趣称地平线沙发。一个大大的圆形靠背架于金属框架之间，可任意地水平滚动，为平日的生活增添不少趣味性。座面和靠背都采用柔软的天鹅绒，配色上极具形象性。

随着科学技术的发展和新材料的推陈出新，沙发的使用已不再局限于室内，在户外家具中也崭露头角。如图 1-26 所示为户外软体家具品牌——KUNDESIGN 新推出的 Pillow 系列户外沙发，采用铝支架、柚木板作为承托大大减少了传统户外沙发的体量感，上方的软包靠垫既实现了户外沙发的舒适性，又可拆卸，方便清洗和运输。更重要的是，该沙发在填充材料、面料的用材上以及座垫的结构设计上具有一套独特且完善的快干系统，以保证沙发产品在长时间户外使用中不会变形、发霉。填充材料采用快干透水海绵，因其海绵结构的孔径较大，在户外下雨或者潮湿的时候，水汽可快速透过海绵，海绵不易积水和发霉。面料的选择上，与国际专业户外面料品牌进行合作，采用抗 UV 防泼水面料，在面料上涂一层防水的特氟龙液体，进而在面料表面形成薄膜，在一定的静水压情况下，面料具有防水功效。

图 1-25　地平线沙发

图 1-26　Pillow 系列户外沙发

1.1.2　床　垫

床垫是与人们生活关系最为密切的一类软体家具。1986年，美国的一项调查研究表明，7%的睡眠障碍问题与床垫的使用有关。床垫对睡眠质量、人体健康、休息效率等都有着重要的影响。

1.1.2.1　床垫的起源与发展

几千年以前，人们在睡床上铺以草、树叶、皮毛等以实现柔软、舒适感，后来，在18世纪末至19世纪初，床垫作为商品开始在西方国家制作生产，内部填充物主要是马鬃、棉花等，外面用棉质面料包出形状，再用带子捆扎，当时也称床垫为褥面。19世纪以后，科技与生产进步带来了床垫材料和结构的变化。

1828年12月24日，萨摩尔·普拉特（Samuel Pratt）取得了弹簧软包的第一项英国专利，1865年，获得了第一个弹簧床垫专利。将弹簧用边框钢丝固定在一起的弹簧床垫为顾客提供了前所未有的舒适感，之后便迅速风靡欧美，几乎占领欧美的整个床垫市场。在20世纪60年代，先后又出现了聚氨酯泡沫塑料床垫、充气床垫及充水床垫。

19世纪30年代，弹簧床垫随着西方家具一起引进了中国。1932年，美国床垫制造商席梦思公司（Simmons Co.）在上海设厂生产铁床和弹簧床垫，产品给人们留下了深刻的印象，人们逐渐把弹簧床垫称之为"席梦思床垫"，后来又简称为"席梦思"，从此"席梦思"成了弹簧床垫的代称，一直沿用至今。1935年，由张孝行先生筹资兴建的"安眠思机制床垫厂"，以与外货竞争，并由此成为我国第一家专门生产弹簧床垫的企业。因其产品价廉物美，大受欢迎，随后，因抗战暴发，生产陷入停顿。我国床垫业从此陷入困境。直到20世纪70年代，人们生活水平逐渐提高，对弹簧床垫的使用重新开始认识，迫切要求恢复弹簧床垫的生产。

从20世纪80年代起，我国陆续引进了英国、瑞士、意大利等国的床垫生产流水线，包括自动盘绕弹簧机、弹簧组装机、穿边机、钳框机、高速多针衍缝机（或高速平台衍缝机）、高速镶边机和配套设备气动打针机等，上海梦乡床垫有限公司采用了计算机监控的自动化设备，完全改变了昔日手工操作的状态。至此，我国的床垫制造业真正进入了工业化生产的时代。

我国床垫工业发展迅速，目前已拥有床垫生产企业400家左右。通过加强管理，严格工艺，企业逐渐形成了规模化、系列化、专业化生产，床垫产品种类也日趋丰富。

在满足不断增长的国内市场需求的同时，中国床垫制造企业积极开拓国外市场。就世界范围而言，床垫已成为一种世界贸易产品，主要的床垫进口国包括德国、日本、法国、美国、西班牙和荷兰。床垫出口国主要有比利时、意大利、中国、丹麦和德国。

目前，我国床垫工业距欧美等发达国家还存在着一定差距，主要体现在以下几个方面：床垫新产品开发力度不够，尤其是老年人、儿童床垫的研发不足；原辅材料、加工设备制造刚刚起步；产品质量、标准水平有待进一步提高。为此，大企业要成立相应的指导机构，加大开发创新的力度，增加科技含量，应用多样化的高新优质材料，使产品品种系列化，从舒适睡眠与人体保健等角度开发新产品，生产符合绿色环保要求的床垫，满足不同层次人们的需要。

乳胶床垫在欧洲市场占有率高达22%，这种潮流趋势遍及美国，乳胶床垫属于自然健康的产品，加上乳胶床垫能均衡承托使用者身体的各部分，减轻身体在睡眠时的压力，因此乳胶床垫近年来在欧美大受欢迎，在制造乳胶床垫时，可混入聚酯多羟基化合物泡沫，以产生乳胶质感和增加耐用性，且不产生氯氟烃成分，可再循环使用。乳胶床垫的硬度、密度也可根据人体各部分不同的重量而设计，床垫的内部和表面还可设有气孔疏气，夏天使用起来更加宜人。另一项新技术是稠弹性泡沫，它具有随睡者的体温改变软硬的特性，身体离开床垫后，床垫冷却后且恢复其原有形状及硬度。由于使用时可针对具体使用者的身体而做出形状与硬度变化，所以床垫的承托力可均匀分布，能增加人体的血液循环和有助于消除压力。

各种天然环保型纤维床垫，如"抗微菌纤维""聚酯纤维""椰子纤维"和"有机棉"等，同乳胶床垫一样受到消费者的喜爱。如抗微菌纤维床垫可防止细菌滋生，并能减轻身体压力；而采用椰子纤维这种天然材料制作的床垫，由于椰子纤维之间有很多气孔，因此通风效果好，又能使床垫具有良好的弹性。

随着人们对健康、环保日益重视，一些使用环保型材料（如无毒胶黏剂）制造的外套可拆洗的环保型床垫、符合人体工程学的床垫及保健型的按摩、磁性床垫等深受消费者的欢迎，也是今后的发展方向。

1.1.2.2 床垫的定义

床垫，又称"软床垫"，是以弹性材料或其他材料为内芯材料，表面罩有纺织面料或其他材料制成的软体卧具(GB/T 28202—2011《家具工业术语》)。

1.1.2.3 床垫的分类

目前市场上床垫的种类很多，主要有弹簧软床垫、水床垫、充气床垫、乳胶床垫、棕榈床垫、磁性床垫、电动床垫、智能床垫等。

（1）弹簧软床垫

弹簧软床垫，如图 1-27 所示，是以弹簧及软质衬垫物为内芯材料，外表罩有织物面料或软席等材料制成的卧具，它的特点是：弹性足、弹力持久、透气性好，且与人体曲线有较好的贴合，使人体骨骼、肌肉能处于松弛状态而得到充分的休息。由于弹簧软床垫可实现机械化生产，生产效率高，且产品质量稳定，所以一直在床垫市场上占有主要地位，其销售是占床垫总销售量的85%以上。

市场上的弹簧床垫，就结构而言，大致可分为连接式、袋装独立筒式、线状直立式、线状整体式及袋装线状整体式等。

连接式弹簧床垫　用螺旋状铁线将所有个体弹簧串联在一起，成为"受力共同体"，虽稍具弹力，但因弹簧系统不完全符合人体工程学设计，牵一发而动全身，一处受压，附近的弹簧都会相互牵扯。

袋装独立筒式弹簧床垫　将每一个独立体弹簧施压之后装填入袋，再加以连接排列而成。其特点是每个弹簧体为个别动作，独立支撑，能单独伸缩，各个弹簧再以纤维袋或棉袋装起来，而不同列间的弹簧袋再以黏胶互相黏合，因此当两个物体同置于床面时，一方转动，另一方不会受到干扰。

线状直立式弹簧床垫　用一股不间断的精钢线，从头到尾将弹簧按一体型排列连接而成。其特点是采取整体无断层式架构，弹簧顺着人体脊骨成自然曲线，适当而均匀地承托着人体。

线状整体式弹簧床垫　用一股不间断的精钢线，按照自动化精密机械的力学架构，将弹簧连接成整体型。按照人体工程学原理，将弹簧排列成三角形架构，将所承受之重量与压力呈金字塔形支撑，受力往四周分布，确保弹簧的弹力永久如新，特点是床垫软硬度适中，符合人体工程学原理，可以提供舒适睡眠和保护人体脊椎健康。

袋装线状整体式弹簧床垫　将线状整体式弹簧装入无间隔的袖状双层强化纤维套中排列而成。除具线状整体式弹簧床垫的优点外，其弹簧系统更以与人体平行方式排列而成，人体在任何床面上的滚动，不会影响旁边的睡眠者。

（2）水床垫

美国 C. A. AWALD 教授 1932 年根据婴儿在母体羊水中成长的原理，发明了世界上第一张水床垫。

水床垫就是内部充水的软床垫，主要采用橡胶或 PVC 胶囊，内装 250kg 左右的清水，经密封而成，如图 1-28 所示。这种水床的独特之处在于可以有效调节床垫软硬度，从而给身体以最好的支撑，让身体得到真正的放松。内部设计成互通式的分条水柱，从而使床垫稳定、不摇晃，全身质量被水的浮力平均支撑，让脊柱处于自然的平直状态，从而达到消除疲劳、科学健康的睡眠效果。另外，一些细小的气管密布在水柱周围，可以通过专门配备的打气筒来调节气管内气体的多少，达到有效调整软硬的效果。有的水床带有计算机自动温控系统，冬季可调温在 25～30℃，使水床保持冬暖夏凉。床垫底部的温控板对水进行加热，然后间接作用于人体，能够促进血液循环和新陈代谢，达到消炎止痛的效果。

图 1-27　弹簧软床垫

图 1-28　水床垫

（3）充气床垫

充气床垫，如图1-29所示。采用PVC为材料，它的外侧有一小孔，可按个人需要进行充气或放气，气充足后，以达到随意承托人体软硬均匀的效果，能变换人体在床垫上的着力点，让脊柱回到较正常的生理曲线状态。既可居家使用，也可在郊外旅游或沙滩上使用，放掉气则体积很小，携带方便。

（4）乳胶床垫

乳胶床垫（图1-30）选用盛产于巴西、马来西亚和我国海南等热带雨林地区的天然乳胶为原料，运用航天高科技工艺，使其在低温冷却塔内经超常压力高速雾化，喷进高温100℃模具内迅速膨胀，经150t重压一次成型的乳胶床芯，是取代以往床垫的海绵芯、弹簧钢架芯的新一代环保型床垫。乳胶床垫具有开放连通的组织结构，耐久而不易变形，具有防潮、抗菌等功效，其高回弹性可以使人体与床面完全贴和，且透气性良好，能均匀支撑人体各个部位，有效促进人体的微循环。

（5）电动床垫

电动床垫（图1-31）的最大优点是可以依照阅读、看电视、聊天或睡眠等不同姿势的脊椎弯度，来电动调整床垫的弯曲幅度，提供人体坐卧时最良好的支撑力，让坐卧者享受最符合人体工程学的原理要求，有些电动床垫还附有自动除湿的干爽功能，以提高舒适的睡眠质量。

（6）棕榈床垫

棕榈床垫由棕榈纤维编制而成，一般质地较硬或硬中稍软。该床垫价格相对较低。使用时有天然棕榈气味，耐用程度差，易塌陷变形，承托性能差，保养不好易虫蛀或发霉等。

（7）磁床垫

磁床垫是在弹簧床垫的表层置有一块特制的磁片，以产生稳定的磁场，利用磁场的生物效应，达到镇静、止痛、改善血液循环、消肿等作用，属于保健性床垫。

（8）智能按摩床垫

图1-32所示为太空记忆气压按摩床垫。记忆绵材料为具有感温和减压性能的材料，能自动撑托人体曲线和体重。可预防或减轻由睡眠引起的肌肉紧张、麻木、酸痛、打鼾和失眠。能防霉、防菌，不会引起过敏。锯齿型底绵能最大限度增大受力面积且均分各部位受力点的受力，减小人体脊椎弯曲压力，撑托人体曲线和体重。床垫对应人体的肩部、腰部、臀部、大腿和小腿配置了5个气压按摩气囊，可选择不同的按摩模式。

图1-29　充气床垫

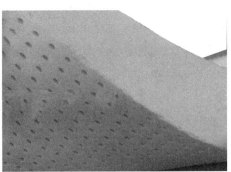

图1-30　乳胶海绵

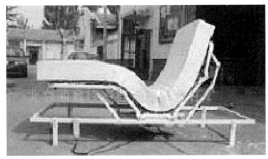

图1-31　电动床垫

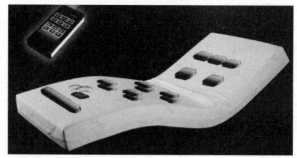

图 1-32　太空记忆气压按摩床垫(图片来源：iRest)

图 1-33 所示为太空记忆气囊按摩床，自动升降床架机构，能使人体的背部和腿部作上下 60°的调节(手动升降床架机构可作背部角度调节)。气囊按摩床垫，床垫内芯采用锯齿型结构记忆绵或零压绵，床垫对应人体的肩部、腰部、臀部与腿部分别配置气压按摩气囊；腿部、臀部与腰部并设振动按摩。太空记忆枕头或太空零压枕头，其绵质有无数个孔，透气性好，散热快。图 1-34 为智能按摩床垫的结构示意图；图 1-35 为与智能按摩床垫配套的半乳胶半海绵及全乳胶垫。

图 1-33　太空记忆气囊按摩床(图片来源：iRest)

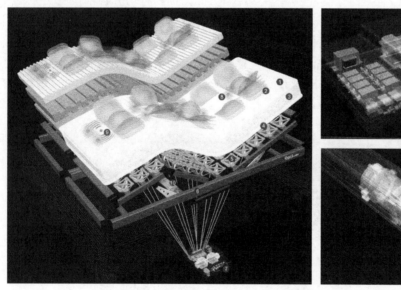

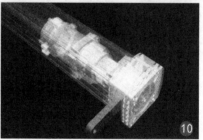

1.记忆绵层　2.气囊层　3.齿轮绵层　4.底绵层　5.弹性花形支撑点
6.电动升降床架　7.气囊CPU　8.磁疗　9.振动　10.传动机构

图 1-34　智能按摩床垫结构示意图(图片来源：iRest)

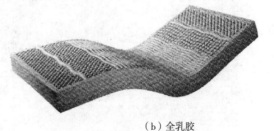

（a）半乳胶半海绵　　　　　　　　　　　　　　　　（b）全乳胶

图 1-35　半乳胶半海绵及全乳胶垫(图片来源：iRest)

1.2　软体家具行业发展概况

1.2.1　发展现状

软体家具是家居生活中的消费必需品，在家具产业中规模大、发展快，是家具产业中最具竞争力的一个行业。我国是全球最大的软体家具生产国和消费国。目前，从总产值上来看，全球前五大软体家具生产国分别为中国、美国、波兰、德国和意大利。据意大利米兰轻工业信息中心（CSIL）统计数据显示，2016 年我国软体家具产值占全球比重高达 64.49%。从消费总量上来看，中国、美国、德国、英国、法国、印度、澳大利亚、加拿大、韩国、日本这十大市场占据着近 80% 的世界消费量。2017 年，我国软体家具消费占全球消费市场比重为 31%，超过美国，居全球首位。

我国软体家具制造企业以中小企业为主，集中度低，但总市场份额较为稳定。以床垫生产企业为例，目前，我国床垫生产企业上千家，大型企业占市场份额比例较小，中小企业产品多集中于国内低端市场。据国家统计局数据显示，2019年全国软体家具规模以上企业累计完成产量约 6933.24 万件。

随着我国经济的发展，人民消费水平的提高，以及健康消费理念、制造水平与流通环节的改善，我国软体家具产品的国内市场需求呈现稳定增长的态势。2019 年，全国住宅销售面积 171 558 万 m^2，比上年增长 1.5%，加上基数庞大的存量房更新，构成了国内居家消费的基础市场。2019 年，全年国内游客 60.1 亿人次，比上年增长 8.4%；国内旅游收入 57 251 亿元，比上年增长 11.7%，旅游业的发展拉动了宾馆住宿业、交通等产业发展，也增加了软体家具产品的需求量。此外，我国学校、医疗、社会服务等均呈现出持续增长的发展趋势，软体家具国内市场空间进一步扩大。

1.2.2　前　景

当前，软体家具行业正朝着几个方向发展。

1.2.2.1　由消费主流群体发生变化所带来的软体家具产品研发和需求新定位

目前，我国家居产品消费主流群体正发生着明显的变化，我国年龄段在 18～30 岁人群已进入消费黄金年龄，他们的人数已超过 8000 万，成为家具购买能力最大的新生代消费群体。新生代消费群体对产品诉求个性与品位，注重产品使用的体验感和舒适感。在家居产品色彩和风格选择上喜好鲜明，例如，莫兰迪色为代表的轻奢风，对传统文化也颇有兴趣。根据 2015 年全球 Nielsen 调查，新生代消费群体更钟爱可持续或环保产品，75% 的人愿意为其支付额外费用。包含更多科技特色的、智能化、具有交互特色的设计产品也深受此群体的欢迎。

软体家具企业要寻求发展出路，必须充分考虑市场主体消费群体偏好的转变，及时调整并做出准确的产品研发和产品需求新定位。加强软体家具产品原创设计、模块化设计和智能化设计的研发投入，加快个性化、定制化服务的力度，例如，推出软体家具定制服务满足消费者自选沙发款型、面料及皮革的需求；又如，借助科技手段在软体家具产品上绣上顾客自己设计的 logo，让卖出的每一件产品都拥有故事。企业通过创造个性化、差异化、定制化产品，也提升了自身品牌形象。此外，新生代消费群体在决定是否购买产品时，还十分看重收货的速度和便捷性。这也将促使软体家具销售商提供快速送货计划、特殊订单包装以及一系列缩短交付时间的其他服务。

1.2.2.2　软体家具设计、生产、管理、服务等多方位的智能产品和智能制造发展

其一，以功能为导向，深入研发智能化软体家具产品。智能化床垫主要是智能监测系统的开发，智能监测床垫主要通过植入智能芯片来侦测人体的体征数据，再经过算法转换和大数据后台，来帮助用户获得睡眠分析报告。同时，借助数据，床垫还可以进一步提供温度调节、软硬度调节、睡眠干预等后续功能。沙发产品的智能化主要表现在电动功能位的出现更加频繁，功能范围也更为拓展，除了传统的腿部抬高功能外，开始出现座位前后调节、上下调节的功能；通过功能五金以及与遥控装置的对接，头靠与腰靠的调节更加多元及便利；USB 等智能接口全面普及。除此之外，智能语音功能在沙发产品上也崭露头角。

如图 1-36 所示为顾家家居在 2020 年最新推出的一款新型智能语音沙发，与普通功能沙发相比，

图 1-36　KUKA 智能语音沙发

它成功实现了语音交互控制，实现了诸多的智能化操作。该款智能语音功能沙发可设定多种智能情景，如：电视模式、读书模式、手机模式等，用户只需说出简单的指令词，如"Hello，KUKA！我要玩手机啦！""Hello，KUKA！我要看书啦！"等，该沙发便可利用模糊理解的离线语音控制技术来自动理解并完成语音控制，给用户即刻带来贴心的体验。除此之外，记忆功能、微调功能、自动初始化功能、教学引导功能等也都出现在顾家智能语音功能沙发上。可以说，该款智能语音功能沙发的成功研发，具有划时代意义，它将引领沙发行业加速进入智能化时代，推进智能家居应用的现代化进程。

其二，依托数字化设计与制造、智能装备与软件系统、信息化与工业互联网、人工智能与机器人等关键技术，加快推进软体家具的智能制造进程，实现个性化、柔性化、低消耗、高效率、高质量的生产制造，这是软体家具行业发展的必然趋势。

智能制造是基于新一代信息通信技术与先进制造技术深度融合，贯穿于设计、生产、管理、服务等制造活动的各个环节，具备自感知、自学习、自决策、自适应等功能的新型生产方式。

解决方案演示

软体家具产品三维虚拟设计软件的开发与应用，可大大缩短软体家具产品开发周期，实现精益生产。如：力克推出的 Design Concept Furniture——三维虚拟原型制作和产品开发解决方案。打样师可通过一个由该软件定义、数字化或直接在屏幕上制作的独特原型，创作完整的产品系列，并可快速对不同的变形进行微调，从而以最快的速度和最简捷的方法实现样版的工业化生产，并可处理不断增加的样式，从而在保

持完美质量的同时，缩短投入生产前的时间。

软体家具产品的面料缝制技术是关键环节之一。在制造软体家具产品时，缝制机械主要完成铺布、裁剪、绗缝、缝纫等工序。2019 年，缝制机械行业以下游行业转型升级的现实需求为导向，聚焦产品智能化、高效率、省人工、高质量加工和智慧缝制工厂技术及解决方案，积极开展科技创新实践，推出了一大批以自动化、智能化、信息化为主要特征的软体家具产品缝制新技术新设备。主要包括：缝纫机单机智能化技术、缝制机械的独立驱动技术、缝纫机模块化设计技术、缝纫机立体缝纫技术、床垫围边机创新技术、床垫立围及绱拉链缝制单元创新技术、智能裁剪、铺布和激光切割创新技术等。如图 1-37 所示为上工申贝旗下的 KSL 公司研发的工业缝纫机械手，安装到自由度较大的六轴工业机器手上，可实现三维空间曲线的缝合。如图 1-38 所示为上工富怡的双针针距可调任意转全自动缝纫机，采用独立驱动技术，机头可任意角度旋转，具有条形码花样识别功能，可用于软体家具蒙面皮革的装饰线缝纫，线迹规整美观。

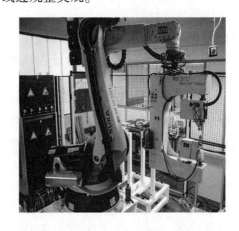

图 1-37　KSL 工业缝纫机械手

**图 1-38　上工富怡双针针距可调
任意转全自动缝纫机**

未来，软体家具产品缝制机械设备及制造技术的发展趋势在于生产企业布局智能化升级改造，通过"智慧缝制工厂技术及解决方案"，快速提升生产线的柔性化，从而提高生产效率，满足大批量生产和小批量个性定制需求。主要涉及两个方面：一是制造端的智能化工厂建设，主要包括生产线缝制设备的自动化和智能化，缝制设备的互联互通、数据采集分析共享、生产线平衡预警；二是面向消费者的个性化定制平台建设，构建面向消费者的个性化需求网站。我国缝制机械行业的智能制造的发展及推广应用，将引发软体家具产品缝制技术的革命，有力推动软体家具行业整体在创新中进入全球价值中高端的行列，重构全球软体家具制造业的竞争格局。

1.2.2.3 加大功能性、绿色环保、可持续发展的软体家具新材料的研发投入

目前市场上，软体家具的框架材料以实木、木质人造板和金属材料为主，弹性填充材料以弹簧、海绵、乳胶棉、棕丝等材料为主，面料采用纤维织物面料和皮革材料。面料是与人体直接接触的部位，消费者对面料的亲肤性、抗菌性、透气性、防静电、阻燃性等要求越来越高。今后，可以开发功能性和环保性纤维织物面料等角度着手，大力研发具有透气、防水、防污、阻燃、抗菌、防皱、除甲醛、防臭、防静电、防辐射、防紫外线等特殊功能型面料；结合先进的纺织制造设备，丰富纤维原料的应用品种，满足消费者日益增长的个性化需求，从而提升面料及软体家具产品的附加值。

沙发、床垫所使用的弹性填充材料中，海绵占有最大的份额，柔软舒适是海绵最显著的优点，但存在透气性差、易生细菌、不可再生等缺陷，且存在一定的化学有害物质，一旦超标将不利于人体健康。纯天然乳胶材料具有较好的抗菌性、可再生和环保无毒等特性，但原材料产量少（成熟橡树每天每棵只能产出 30~50mL 的乳胶液，而一张乳胶床垫的需求至少需要橡树 5 天的乳胶液）导致乳胶床垫和沙发的成本极高。市场上多数乳胶为石油化工合成产品，是不可再生资源，且透气性和散湿性较差，长时间使用极易发生霉变或滋生细菌和其他微生物，降低产品使用寿命，危害人体健康。因此，探寻不可再生资源的替代品，开发性能良好的天然植物纤维材料、可再生纤维材料等应用于软体家具中，将成为未来软体家具材料发展的一大趋势。

复习思考题

1. 什么是软体家具？软体家具主要分为哪几类？
2. 什么是沙发？简述沙发的起源与发展过程。沙发的种类及其特点。
3. 什么是床垫？简述床垫的起源与发展过程。床垫的种类及其特点。
4. 软体家具行业的发展现状及发展前景如何？

第**2**章
软体家具材料

【本章重点】

1. 常用框架材料的种类及其特点。
2. 弹簧的种类及其特点。
3. 软垫物的种类及其特点。
4. 面料的种类及其特点。
5. 辅料的种类及其特点。

软体家具制作材料的选择和准备，直接关系到成品质量和使用效果，因此，按生产工艺要求，有计划地做好材料准备和选择，是十分必要的。制造软体家具的原辅材料主要包括框架材料(木材、木质复合材料、金属等)、弹簧、软垫物、面料、绷带、底带、面料绳、线、塑料辅料、连接件等。

2.1 框架材料

2.1.1 木 材

木材是软体家具沙发框架结构的主要用材。对于框架用木材无外露的沙发(如图 2-1 全包沙发)，选材时对木材花纹及材色无任何要求，木材硬度应适当，以利于钉接。硬度过小的木材握钉力小，会降低使用强度；硬度过大的木材难以钉进钉子，生产效率低，且易产生废料。一般采用来源较广、价格较便宜的松木、杂木等。对于框架用木材有外露部分的沙发(如图 2-2 全实木手工雕花出木布艺沙发)，其外露的木构件材料，应选用木纹美观、材色好、易加工、硬度较大的优质材(如：水曲柳、樟木、桦木、榉木、柚木、柳桉、香椿、梨木、枣木等)。

木材在加工前还应预先通过自然干燥或人工干燥的方式进行含水率控制，使木材含水率达到当地平衡含水率要求(一般应控制在 15%~20%)，以防止框架缩裂或翘曲。另外，木材中不得有活

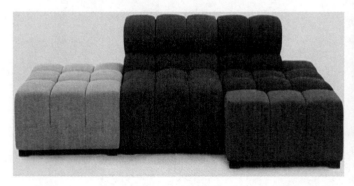

图 2-1 全包沙发

图 2-2 全实木手工雕花出木布艺沙发

虫或白蚁存在，否则应进行杀虫处理。

2.1.2　木质复合材料

木质复合材料是以各种形态的木材（包括纤维、单板和刨花等）为基体材料，再加上其他的增强材料或功能材料复合而成的，具有特定性能的复合材料，克服了木质材料的许多缺点，具有原始木材所不具备的新的物理性能。

随着世界林木资源储备量的减少，原木的质量急剧下降，过去用于制材的原木最小径级为14~20cm，现在径级已降到10cm。为了克服天然木材的各向异性，特别是变形和力学性能的差异，消除虫眼、节疤、腐朽等天然缺陷，木质复合材料得到了迅速的发展。

软体家具的木框架结构由原来的全实木结构向实木与木质人造板相结合的结构发展，这给木质复合材料在软体家具框架结构中的应用提供了更大的空间，也提出了更高的要求。目前，软体家具框架使用的木质复合材料主要有：多层板、刨花板、纤维板。

2.1.2.1　多层板

多层板是把多层旋切单板顺纤维方向平行地层积胶合而成的一种高性能产品。随着木材需要量骤然增加，可利用的木材资源的减少，大径级优质材价格显著上涨，刺激了可利用小径木、短原木生产的多层板的发展。它广泛用于建筑、家具和木制品等方面。图2-3（a）所示为多层板。

多层板的生产工艺与胶合板类似。但胶合板是以大平面板材来使用的，因此要求纵横向尺寸稳定、强度一致，所以采取相邻层单板互相垂直的配坯方式；而多层板虽然可作为板材使用，如台面板、楼梯踏板等，但大部分是作为方材，一般宽度小，而且要求长度方向强度大，因此把单板纤维方向平行地层积胶合起来。若将较厚的单板接长，再按相同纹理方向组坯后胶合而成，其工艺类似于多层胶合板，所以又叫平行胶合板。在沙发厂用得比较多的多层板厚度为9mm、12mm、15mm、18mm。多层板的主要特点如下：

①多层板可以利用小径材、弯曲材、短原木生产，出材率可达60%~70%（而采用制方材方法出材率只有40%~50%），提高了木材利用率。

②由于单板可进行纵向接长或横向拼宽，因此可以生产长材、宽材及厚材。

③单板层积材可以实现连续化生产。

④由于采用单板拼接和层积胶合，因此可以去掉缺陷或分散错开缺陷，使其强度均匀、尺寸稳定、材性优良。

⑤多层板可进行防腐、防火、防虫等处理。

⑥多层板可作板材或方材使用，使用时可垂直于胶层受力或平行于胶层受力。主要用于家具的台面板、框架料和结构材，建筑的楼梯板、楼梯扶手、门窗框料、地板材、屋架结构材以及内部装饰材料，车厢底板、集装箱底板、乐器及运动器材。

2.1.2.2　刨花板

刨花板是利用木材加工的下脚料、小径材及枝丫材所制成的刨花再与胶黏剂拌和，经热压而成。常见的刨花板厚度有16mm、19mm、22mm、25mm、30mm等。刨花板根据结构可分为：

单层结构刨花板　由于该刨花板表面的刨花粗细不均，如果用于贴面，特别是饰面材料比较薄时，容易产生表面不平整，而且其强度不如其他结构的刨花板，所以现在使用较少。

3层结构的刨花板　外层为较细的机械刨花，用胶量较大，中间一层为较粗的刨花，用胶量也较小，板以中心层为轴线结构对称。3层结构的刨花板适合于制造家具，如图2-3（b）所示。

（a）多层板　　　　　　　　（b）刨花板　　　　　　　　（c）纤维板

图2-3　木质复合材料

渐变结构刨花板　在板的厚度方向上，由内到外，刨花的形状和尺寸逐渐减小，而且没有明显界限，这种刨花板强度较高。

定向刨花板（OSB）　目前在建筑上应用较多，主要用于墙体装饰、工字梁、包装箱等方面，其刨花尺寸比普通刨花尺寸大得多，所以强度也增强许多，纵向强度增加得更多，但表面平整度比较差，不适合作表面贴薄材料装饰。

另外农作物秸秆刨花板主要用于建筑墙体材料、包装箱垫块及家具用材等，但该板的防腐、防霉性能需进一步加强。除此之外，刨花板家族中还有与其他材料复合而成的如水泥刨花板、石膏刨花板、矿渣刨花板等多种类型，其性能也不尽相同，选用时具体问题具体分析。

刨花板的特点如下：

①板材幅面各个方向的性质一致，结构比较均匀，且干缩湿胀比较小，遇水主要是在板材的厚度方向上膨胀。

②对于用连续法生产的刨花板可以根据需要进行截断。

③刨花板可根据用途选择所需要的厚度规格，使用时厚度方向不需要再加工，只需要少量地砂光，否则影响板材的强度。

④刨花板的握钉力与其密度呈正比。3 层结构的刨花板，内层密度小于表面的密度，其握钉力也低于表层，所以垂直板面的握钉力高于平行板面的握钉力。

⑤刨花板可直接使用，不需干燥，在贮存时应放平，防止变形。

⑥刨花板边缘暴露在空气中容易使边部刨花脱落且吸湿产生膨胀，影响其质量，所以制作家具时裸露在外的边缘应进行封边处理。

⑦刨花板的表面贴面质量与其表面刨花的颗粒均匀程度有关。

⑧便于实现自动化、连续化。

2.1.2.3　纤维板

根据密度不同，纤维板可分为高密度纤维板、中密度纤维板和低密度纤维板。用于家具制造的纤维板多为中密度纤维板，市场上常简称为"中纤板"，如图 2-3（c）所示。

纤维板是利用木材或其他植物纤维制成的一种人造板。高密度纤维板结构均匀，强度较大，可以代替薄板使用。缺点是表面不美观，易吸湿变形，制造成本较高，一般不使用高密度纤维板制造家具；低密度纤维板密度较小，物理力学性质不及高密度纤维板好，但其绝缘、保温、吸音及装饰等性能优良，因此是室内装修中理想的吊顶饰面材料；中密度纤维板主要用于制造家具、包装、音箱及电视机壳制造等，是目前应用较广泛的一种材料。

中密度纤维板（MDF）的特点如下：

①中密度纤维板强度高，其抗弯强度为刨花板的 2 倍。

②表面平整光滑，无论是厚度方向，还是宽度方向都可以胶合和涂饰，且胶合后的加工性能较好。

③加工性能良好，如锯截、开槽、磨光、钻孔、涂饰等，类似于天然木材。

④结构均匀致密，可以雕刻、镂铣。

⑤边部可以铣削，且不经过封边就可直接涂饰。

⑥不需干燥可直接使用，但贮存时应放平，防止变形。

⑦板材的性能与施胶量有关。

沙发的丰富造型，主要取决于沙发内部的结构框架。从传统的加工工艺到现代的加工工艺，沙发结构框架在材料的选择上，一直以实木为主，直线形的零部件在圆锯机上可直接加工，弯曲件可以通过锯制弯曲加工或方材弯曲加工。实木结构框架的接合常用榫接合、圆钉接合、木螺钉接合、螺栓接合、胶接合等形式。实木在沙发结构框架中的应用受到越来越多因素的制约。一是我国硬质木材资源有限，加上"天然林保护工程"的实施，木材原料需要从国外大量进口，而世界各国对生态环境越来越重视，使林木资源越来越少；二是现代沙发外观造型的多样性，决定了框架单个零部件加工和框架整体结构的复杂性及多变性，实木弯曲件数量的增加，无法适应流水线生产，同时增加了生产成本；三是木材自身缺陷无法彻底得到克服，例如，虫蛀不仅直接影响沙发框架的结构强度，还会难以通过海关检查，直接影响产品出口。另外，木材含水率控制是一个薄弱环节，容易导致实木翘曲变形，直接影响沙发框架的稳定性及结构强度。

利用结构人造板（如杨木多层胶合板、杨木定向刨花板、杨木单板层积材等）生产的沙发内结构框架，是针对沙发实木框架受众多因素制约而推

（a）速生杨木多层板沙发框架　　　　　　　　（b）单板胶合弯曲成型的沙发框架

图 2-4　沙发木框架结构材料的两大趋势

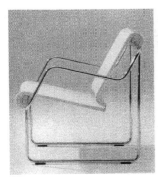

（a）金属与织物结合的座椅　　　（b）金属与软垫物结合的座椅　　　（c）金属床框架

图 2-5　金属材料在软体家具中的应用

出的一种新型木质复合材料结构框架（图 2-4）。既有实木框架优良的结构强度及稳定性，又克服了实木框架容易出现的翘曲变形、虫眼、节疤等不足。针对目前沙发框架需要更多异型曲面来满足沙发外观造型的需要，利用若干杨木结构人造板曲边组合成型有其独特的优势，不仅可以节省木材资源、降低成本，同时可以简化加工工艺，加速生产流水化，突出造型。因此，速生材加工软体沙发内结构框架的研究开发与利用，将是代替实木沙发内结构框架的一个十分重要的发展方向。

胶合弯曲成型工艺的应用使沙发框架有了新的发展。将单板胶合弯曲主要用于大面积框架构件，如座面、靠背、扶手外侧，这样就无须使用绷带或弹簧，只要在必要的部位加上软垫，就可以构成沙发了。胶合弯曲工艺使沙发的造型、结构、工艺等都不局限在传统范围内。通过单板胶合弯曲工艺形成的沙发结构整体性强度高，且易实现可拆卸性。

2.1.3　金　属

软体家具中的金属材料通常以管材、板材、线材或型材等形式出现，除用作软体家具的框架结构材料外，还具有很好的装饰性。金属材料强度高、弹性好、韧性强，可以进行焊、锻、铸等加工，可以任意弯曲成不同形状，形成曲直结合、刚柔并济、纤巧轻盈、简洁明快的各种软体家具的造型风格（图 2-5）。

2.2　弹　簧

弹簧是软体家具的重要元件，使用弹簧的目的在于提供优良弹力，并在压力撤销后，能使软体家具表面恢复原状。软体家具的舒适多来自于弹簧的弹力作用，能否达此目的，并不取决于弹簧数量的多少，而依赖于弹簧结构质量的高低。

2.2.1 螺旋弹簧

螺旋弹簧按形状分为中凹型螺旋弹簧、圆柱形螺旋弹簧(包布弹簧)、宝塔形螺旋弹簧、拉簧、穿簧等。

2.2.1.1 中凹型螺旋弹簧

中凹型螺旋弹簧在软体家具中应用广泛(图 2-6),它的外形像沙漏,两端是圆柱形,越往中部越细。中凹型螺旋弹簧广泛应用于沙发生产中,起到很好的加固与弹性作用。同时,中凹型螺旋弹簧是最常使用的床垫弹簧,连接式弹簧床垫就是以中凹型螺旋弹簧为主体,两面用螺旋穿簧和专用铁卡(边框钢丝)将所有个体弹簧串联在一起,成为"受力共同体",是弹簧软床垫的传统制作方式。

中凹型螺旋弹簧的特性是:当弹簧压缩到开始有簧圈接触后,特性变为非线性,防共振能力强、稳定性好、结构紧凑,适用于床垫等承受较大载荷及减振场合。中凹型螺旋弹簧主要是提供高度舒适的床垫弹力,其本身也有多种类型,不同的舒适程度由它们的刚度来决定,而刚度取决于弹簧的缠绕比 C(弹簧中部的圈直径与钢丝直径之比)。中凹型螺旋弹簧的自由高度代表其大小规格,每一规格又分 3 个等级硬度,即硬级、中级和软级,不同等级级别取决于弹簧中部的圈直径,硬级弹簧的圈直径最小,软级弹簧的圈直径最大。

弹簧软床垫中使用的中凹型螺旋弹簧,其技术要求是钢丝直径为 1.3~2.8mm,自由高度为 110~150mm,圈数不小于 5 圈,上下盘端面外径不得大于 90mm,中腰直径不得小于端面外径的 44%,两端面的钢丝打结点位差不大于 20°。在压缩自由高度的 80% 后,静压 24h 或动压 50 次,卸压 0.5h 后,其自由高度残余变形量不超过 10%。

影响回弹量的因素很多,主要有材料的力学性能、弹簧的缠绕比和工艺装置等。回弹量与材料的抗拉强度 σ 呈正比,与弹性模量 E 呈反比。σ/E 越大,则回弹量越大,材料的力学性能不稳定时,回弹量也不稳定。回弹量与缠绕比 C 成正比,即缠绕比越小,回弹量越小,这是因为变形程度越大,在材料截面内塑性变形的相对密度越大,因此回弹量就越小,反之亦然,为保证弹簧有良好的应力状态和便于加工制造,缠绕比应限制在一定的范围内,一般先取在 4~16 之间。

常用中凹型螺旋弹簧的规格尺寸见表 2-1。

(a)中凹型螺旋弹簧

(b)中凹型螺旋弹簧在美式沙发中的应用

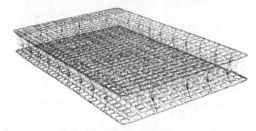

(c)中凹型螺旋弹簧在软床垫中的应用

图 2-6 中凹型螺旋弹簧在软体家具中的应用

表 2-1 常用中凹型螺旋弹簧的规格尺寸 mm

钢丝直径	自由高度	上下圆盘直径	一般绷紧限度	盘芯直径
2.3	127	85~90	80~90	50~52
2.8	127	85~90	80~90	50~52
2.8	152.4	90~92	95~110	52~53
2.9	152.4	90	95~110	52~53
2.9	178	90~95	120~135	52~53
3.2	203	95~100	145~160	53~55
3.6	229	105	170~190	55~57

2.2.1.2 圆柱形螺旋弹簧

又称"包布弹簧",每个圆柱形螺旋弹簧独立缝制于无纺布袋中,并由热熔胶组装而成,每个弹簧体皆分别动作,独立支撑,以非常卓越的内部性能提供舒适与惬意(图 2-7)。其弹簧由一定直径的碳素弹簧钢丝盘绕而成,常见弹簧的自由高度为 120~125mm。

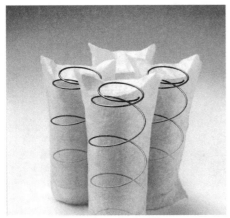

（a）圆柱形螺旋弹簧

（b）圆柱形螺旋弹簧应用于沙发软垫制作

（c）圆柱形螺旋弹簧应用于床垫制作

图 2-7　圆柱形螺旋弹簧在软体家具中的应用

2.2.1.3　宝塔形螺旋弹簧

宝塔形螺旋弹簧（图 2-8）呈圆锥形，故又称做圆锥形螺旋弹簧、喇叭弹簧。使用时大头朝上，小头钉固在骨架上。这样可节约弹簧钢丝用料，但稳定性较差。常用钢丝穿扎成弹性垫子，适用

于汽车和沙发座垫等。

2.2.1.4　拉　簧

在弹簧软体家具中使用的拉簧，一般用直径为 2mm 的 70# 钢丝绕制，其外径为 12mm，长度根据需要而定制。拉簧常与蛇簧配合使用，也可单独作沙发或沙发椅的靠背弹簧。

2.2.1.5　穿　簧

穿簧用直径为 1.2~1.6mm 的 70# 碳素钢绕制，绕成圈径比被穿弹簧的圈径略大一点，其间隙在 2mm 内。弹簧床垫中的螺旋弹簧一般是依靠穿簧连接成整体。在绕制穿簧的过程中，将弹簧床垫中相邻的螺旋弹簧的上、下圈分别纵横交错地连接成床垫弹簧芯，既简便迅速，又牢固可靠。

2.2.2　蛇形弹簧

蛇形弹簧简称蛇簧，又称弓簧、曲簧。作为沙发底座用的蛇簧，以代替木材方料，其钢丝直径应大于 3.2mm；作为沙发靠背弹簧，钢丝直径应大于 2.8mm。蛇簧的宽度一般为 50~60mm。其长度根据实际需要而定。蛇簧可单独作为沙发底座及靠背弹簧，常跟泡沫塑料等软垫物配合使用。

蛇形弹簧在软体家具的应用中，主要是用在沙发的制作上。多数采用直径为 3~3.5mm 的碳素钢制成，呈蛇形弯曲，因此，有"蛇形弹簧"之称（图 2-9）。

2.2.3　连续型钢丝弹簧

连续型钢丝弹簧应用于弹簧床垫的制作，是由一根或数根弹簧钢丝绕制成弹性整体。不需要独立的、打结的或袋式的弹簧，它是连续的，由无结点的螺旋式钢丝形成整个床网的宽度和长度。

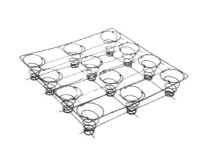

图 2-8　宝塔形螺旋弹簧的应用

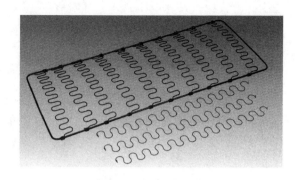

图 2-9 蛇形弹簧

其特点是：①弹簧连续绕制不间断、无打结，钢丝没有损伤和应力集中，整体寿命大大增强，提高了床垫耐久性；②连续型钢丝弹簧交叉排列，增大了弹簧的覆盖率，增强了对人体的承托力，极大地提高了床垫的舒适度；③床芯经过整体热处理，消除了每一部分的内应力，弹性更均匀，确保长期使用不会局部塌陷。这种产品设计，使高质量的钢丝得到最有效的使用，达到整体一致的舒适感觉。采用这种形式的床芯，与中凹型螺旋弹簧床芯比较，钢丝用量减少 30%，成本降低 20%，弹簧覆盖率高，抗压强度大。

2.3 软垫材料

沙发和床垫的软垫材料由具有一定的弹性与柔软性的填充材料构成，主要有海绵、乳胶绵、棕丝等。

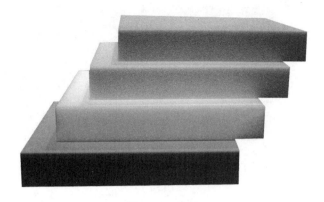

图 2-10 海绵

2.3.1 海绵

海绵（图 2-10）是聚氨酯泡沫塑料的一种，属于软质聚氨酯泡沫塑料，由天然或合成树脂与助剂、黏合剂等添加剂混合，并借助一定的模具加温发泡而成。制作海绵的主要原料有：聚醚多元醇、有机异氰酸酯、水、催化剂、外用发泡剂、泡沫稳定剂。因海绵有多孔状蜂窝的结构，所以具有优良的柔软性、弹性、吸水性、耐水性等特点，广泛用于沙发、床垫、服装、软包装等行业。海绵的物理和力学性能指标主要包括表观密度、回弹性、压陷硬度等。通用海绵技术标准详见表 2-2。根据不同软硬度，海绵可以分为高回弹海绵、低回弹海绵、特殊绵、特硬绵、超软绵等。海绵还可根据设计需求加工成不同形状，成型后按不同要求切削厚度和调整软硬度。

表 2-2 通用海绵技术标准

编号	品种	表观密度（kg/m³）	回弹力（%）	压陷硬度（N）			压缩变形率（%）	颜色
				25%	40%	65%		
T102	特A	13.5	40	65	90	160	20.10	白
T103	红软超	22	47	60	75	135	5.00	粉红
T104	硬超	31	45	130	165	300	4.00	白
T106	蓝中超	27	45	115	145	275	4.50	蓝
T107S	灰高弹软	32	50	90	110	200	3.90	浅灰
T107H	灰高弹硬	32	48	110	140	250	5.90	浅灰
T108	超软超	24	51	35	45	90	5.50	白
T109	—	28	49	95	115	210	4.00	白
T110	橙高弹	36	56	80	100	180	2.50	橙
T111	绿高弹	34	58	70	95	210	6.30	绿
T112	黄高弹	37	60	80	100	240	6.40	黄
T113	紫罗兰	26	51	15	25	65	5.30	紫
—	Y棉	17	42	70	90	200	10.80	白
T122	—	42	42	200	260	520	6.50	白
T123	—	38	60	65	85	160	3.80	黄
极限公差	误差范围	±1	±3	±10	±20	±30	±1.5	—

在沙发制作过程中，海绵主要应用在座垫、靠垫及扶手上，起到一定的弹性和填充作用。沙发用海绵主要分三大类：一是常规海绵，由常规聚醚和TDI为主体生成的海绵，特点是具有较好的回弹性、柔软性、透气性；二是高回弹海绵，是一种活性聚磷和TDI为主体生成的海绵，其特点具有优良的机械性能、较好的弹性、压缩负荷大、耐燃性好、透气性好；三是乱孔海绵，是一种内孔径大小不一的与天然海藻相仿的一种海绵，其特点是弹性好，压缩回弹时具有极好的缓冲性。不同厚度、密度的海绵及其组合形式对沙发座面坐感舒适度有很大影响。较为舒适的沙发座垫通常由2~3层不同厚度和密度的海绵组成。

床垫铺垫层使用的海绵为片材，按形状可分为平海绵、异型海绵、波段海绵等。床垫绗缝层使用的海绵一般为表观密度小于$10kg/m^3$、厚度小于3cm的海绵卷材。

除此之外，还有一些具有特殊功能的海绵也用于软体家具行业，如防螨防霉防菌海绵、阻燃海绵、慢回弹海绵、活性呼吸海绵、再生海绵等。

（1）防螨防霉防菌海绵

真菌、微生物和螨虫会引起人们身体不适、过敏，甚至死亡。在发泡合成树脂中混合一定的具有防螨防霉防菌作用的添加剂（如：多元醇聚酯、异氰酸盐等）来制造海绵，对环境没有危害的同时，能够防止细菌、微生物和尘螨在海绵中滋生。如图2-11所示为一款防螨海绵，高密度的防螨分子均匀分布于海绵中形成紧密结实的抗螨结构，犹如天然卫生的睡眠净化器。

（2）阻燃海绵

海绵阻燃性是软体家具行业密切关注的问题。

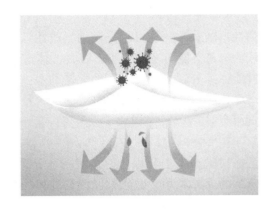

图2-11 防螨海绵

阻燃海绵，又称防火海绵，在发泡合成树脂中添加阻燃剂，如氰酸酯、多元醚、多元醇等，使得海绵达到或接近着火温度时能有效提高阻燃防火性能。英标阻燃海绵产品必须符合BS5852 Part2-Crib5要求，在海绵中采用进口阻燃剂，美耐明等添加剂，直接提高海绵的阻燃防火性能。能在着火温度或接近着火温度下吸热分解成不可燃物质；能与泡沫燃烧产物反应生产不易燃物质以延缓燃烧、阻烟致使着火部位自熄。燃烧时释放出白色烟雾，降低对环境的污染，减少有害物质的排放。美标阻燃海绵产品应符合CAL TB—117A标准，防火海绵采用进口阻燃剂，有效地减少燃烧时间、延缓燃烧、阻烟，致使着火部位自熄。通常最简单的测试方法是海绵离开火源6s内能否自动熄灭。

（3）慢回弹海绵

慢回弹海绵（图2-12）外观跟普通海绵相似，内含感温离子。慢回弹海绵中的感温离子，当其遇热或受到重压后，能将人体自重均匀分散，把人体压力化解为零压，抵消反动力，使长时间接触的部位处于无压状态。对睡眠者身体各部分的均匀承托性强，贴合身体的每个部位。

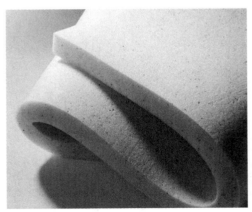

图2-12 慢回弹海绵

（4）活性呼吸海绵

活性呼吸海绵（图 2-13）采用纳米改性竹炭技术制成的海绵，能对室内有毒、有害气体进行吸附，并能将其分解成无毒无害的气体和水；抑菌杀菌、净化空气、增加空气中负离子的含量，对睡眠健康有益。

（5）再生海绵

当前，保护人类赖以生存的良好生态环境，实现资源的充分利用，已成为保障经济和社会持续发展的全球性战略目标。再生海绵，国际通用英文名称 bondedfoam，是一种新型的全球通用的海绵处理方法，它属于聚氨酯类产品工业下脚料的回收利用，由工业海绵下脚料经海绵粉碎机粉碎后，采用水蒸气高温消毒、杀菌、去味，再利用专用胶水压缩成型。使用价值不亚于海绵。可根据客户需要做成各种密度的产品，高密度高弹性再生海绵达到密度 $60kg/m^3$ 以上，具有高效阻燃、拉力好、弹性大、耐性好、不变形、无异味等特性，可广泛用于制作沙发、床垫、沙发椅、体育器材等产品。再生海绵的广泛应用有效避免了海绵废料燃烧造成的有毒气体污染，大大降低了生产和产品成本。更要强调的是，再生海绵中的碎海绵是使用工业切型后所剩的海绵小块和碎颗粒，是经过质量检验合格达标的产品，同时这种小块状颗粒更容易塑造成型且功能更持久。

2.3.2 乳胶绵

乳胶绵是采用真空冷冻的物理发泡原理将乳胶发泡处理后所形成的富有弹性的白色泡沫物体。经高温发泡一次成型，产品呈蜂窝状结构，是无数孔状的合成片状海绵体。

根据乳胶的来源，分为天然乳胶绵和合成乳胶绵。

（1）天然乳胶

天然乳胶由橡胶树的乳汁提炼而成，每一棵橡树一天取汁仅约 30mL（图 2-14）。橡胶树的主要品种是巴西橡胶树，生长于热带雨林气候地区，最早发现于南美洲，后来引种到东南亚，现主要产于泰国、马来西亚、印度尼西亚、菲律宾、斯里兰卡，我国的海南、云南等，越南、缅甸、印度等地也正在掀起橡胶树种植的热潮，橡胶树从野生到大面积种植不到 100 年，已被称为世界四大工业原料之一，而现在东南亚的产量已经占世界总产量的 90% 左右。

天然乳胶中所含的橡树蛋白成分，具有防螨抑菌功效，能有效抑制病菌及过敏源的潜伏与滋生，抗静电效果好，且能散发天然的乳香味。乳胶床垫能为全身提供精确的支撑，巧妙地分散压力，同时感觉柔软、有弹性。乳胶材料拥有良好的减振效果，即使睡在身边的人随意翻身，仍不受干扰。乳胶具有高弹性，可以满足不同体重人群的需要，其良好的支撑力能够适应睡眠者的各种睡姿。乳胶床垫接触人体面积比普通床垫接触人体面积高很多，能平均分散人体重量，具有矫正不良睡姿功能。天然乳胶床垫的另一大特点是压缩无噪声，无震动，有效提高睡眠质量。床垫设计多个气孔，能有效排出人体的余热及潮气，促进天然通风，保证床垫内部空气流通，可以改善乳胶床垫透气性不足的缺陷。乳胶作为医用科学方面的高级原料，对人体无害，不含有毒元素，即使在过热或燃烧的情况下，也不会产生有毒物质。较厚的乳胶绵为了减轻重量，一般将背面制成圆柱形凹孔（图 2-15）。由于天然乳胶制成的海绵价格较贵，一般仅用于高档床垫和沙发产品。

图 2-13　活性呼吸海绵

图 2-14　天然橡胶汁

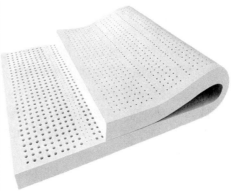

图 2-15　天然乳胶床垫

（2）合成乳胶

合成乳胶是由深海石油中的 PU 及 PE 成分提炼而成的一类合成橡胶高分子乳液，主要品种有丁苯胶乳（以羧基丁苯胶乳为主）、聚丁二烯胶乳、丁腈胶乳和氯丁胶乳。其中，用于床垫、沙发产品中的合成乳胶以丁苯胶乳为主。通常情况下，可通过观察乳胶海绵的切面来判断使用的乳胶是天然乳胶还是合成乳胶。天然乳胶海绵的切面呈现不规则的蜂窝状小孔，而合成乳胶海绵切面的小孔则非常规则。另外，用火烧法也可以加以判别，气味刺鼻的则是合成乳胶。

2.3.3　棕丝等天然植物纤维

天然植物纤维材料具有天然环保可再生、无毒、无污染、可降解等优势，其中，棕丝在床垫中的应用最为典型。这里的棕丝特指山棕。我国棕纤维资源丰富，广泛生长于我国南方地区（四川、云南、贵州、湖南、湖北各省），年产棕纤维 3.5 万 t，可用于大规模工业化生产（图 2-16）。

图 2-16　棕丝

棕丝的特点如下：

（1）密度均匀、弹性适中

山棕丝内含木质素较高，达 70% 以上，木质素可塑性强，经特殊加工定型后，纤维与纤维之间存在大量的空气间隙，可长期保持弹性，利用

此原理支撑的全棕纤维弹性床垫软硬适度，弹性持久，经国家家具质量监督检验中心进行耐久性加载试验 11 万次仍无破损，压缩量仅为 17mm，大大超过了弹簧软床垫 A 级产品仅能承受 5 万次加载试验的标准。由于密度均匀，承托平均，能保证人体各受力点均匀受力，使身体各部位肌肉松弛有度，保持脊椎处在良好的自然状态之中。

（2）透气、透水性能较好

棕纤维弹性材料的植物纤维网状结构、纤维与纤维之间存在着大量空气间隙，使其具备了良好的透气、透水性能。并且由于棕纤维、橡胶本身不吸水，所以床垫具有良好的防潮性能，对使用环境也没有特殊要求。

（3）不生虫、无毒

从棕榈树的外皮中提取的棕片纤维不含糖分和鞣质，具有一种特殊的香味能够驱虫，民间很早就用棕制品覆盖粮食防止生虫、发霉。但如果是从棕树茎中提取的棕板纤维则含有一定的糖分和可水解鞣质，较易霉变生虫，应用前需做高温物理蒸煮，去鞣质及去糖脱脂等预处理，解决霉变生虫的问题。

（4）吸收声波、坐卧回弹无声

棕纤维弹性材料本身具有无数微孔，表面凹凸不平，这种特殊构造使它具有良好的吸收声波的作用，能够起到隔声的效果。由于棕纤维弹性材料采用千万个山棕纤维胶结，再进行定型处理，密度高，受力均匀，不像弹簧床垫那样由于受力不均匀而发出声音，也不会出现弹簧床垫都向中间挤的现象，一个人侧翻身不会发出声音，不影响睡眠。

（5）隔热及绝热性能

因棕纤维内部具有大量空气间隙，而空气是良好的绝热介质，使棕丝软垫物具有良好的隔热、绝热性能，因此，用棕纤维弹性材料制作的床垫具有冬暖夏凉的功能。

(6) 亲油性

棕纤维本身具有良好的亲油拒水性能。因此，棕丝制品同样具有良好的亲油拒水性能，可作为污水处理的材料。跟棕丝材料相类似的软垫物有椰壳衣丝、笋壳丝、麻丝、藤丝等，可以就地取材。为了简化制造工艺和运输方便，不少工厂将棕丝、椰壳衣丝先胶压成一定厚度(6~10mm)的软垫，像布一样卷成捆，使用时根据需要进行裁剪，非常方便。

近几年来，丝瓜络这一天然纤维材料引起了专家学者的关注，丝瓜络资源丰富、低碳环保、可再生、可降解，在床垫中有一定的应用前景。

(7) 易降解，环保性好

棕纤维是非人工合成材料，在自然状态下就可以降解，不含对自然环境造成污染。

2.3.4 其 他

软体家具还使用棉花、蚕丝棉、公仔棉、杜邦棉、羽绒棉等作为辅助填充材料，在海绵与面料、海绵与弹簧之间起到很好的缓冲作用。一方面，能使沙发、床垫表面具有良好的质感，使用料包扎得饱满平稳，质地柔软、滑润、耐磨，弹性也较理想；另一方面，在沙发扪皮过程中，对于沙发边角等需要修补的部位能起到良好的填充与造型作用。

(1) 棉花

由天然棉纤维组成，与皮肤接触无刺激、无异味、无污染、无漂染、无任何添加物、保暖透气、安全环保、可再生，是最传统的填充材料。

(2) 蚕丝棉

采用100%桑蚕丝为原料，是最佳的天然环保填充料，价格较高。它具有优良的透气性、吸湿性、排湿性、保暖性。因蚕丝的主要成分为动物蛋白纤维，含几十种氨基酸，因而桑蚕丝棉与人体接触，令人体肌肤滑爽、洁净、促进人体表皮细胞的新陈代谢，对皮肤有保健作用。

(3) 公仔棉

又称PP棉、中空棉，是由聚丙烯纤维制成的人造化学纤维，棉弹性好，蓬松度强，造型美观，不怕挤压，易清洗，快干。但公仔棉在长时间使用后，透气性会变差，且常出现变形、结块、填充不均匀等现象。

(4) 杜邦棉

也称"中空棉"，是采用高品质的涤纶和性能优异的三维卷曲中空纤维、U型中空纤维和ES纤维为原料，经过加工处理而成的一种高保暖的絮棉产品，其纤维原料为涤纶。它能以较轻的重量达到较好的填充效果，蓬松性好，保暖性透气性很好，产品受压力保形性好，抗拉性强，耐水洗，耐虫蛀，防霉防潮，保暖率比棉纤维高60%以上，使用寿命高3倍以上。但使用久了容易变形结成块儿，缺乏弹性，呈现高低不平的状态。

(5) 羽绒棉

是一种(仿)丝棉，属于化学纤维，具有轻薄、手感细腻、柔软、保温好、不易变形，不会透丝等特点，是天然羽绒的优质替代品。但长期使用也存在保暖性不高，不耐水洗等缺点。

2.4 面 料

面料包覆于软体家具外表，除了使用功能外，还起装饰、保护和美化等作用。软体家具的面料主要包括纤维织物(布料)和皮革两大类。软体家具还应重视面料的耐磨性、耐拉伸、断裂性、透气性等性能。

2.4.1 纤维织物(布料)

2.4.1.1 纤维织物的原材料及性能

软体家具布料主要来自于四大主要原料——天然纤维、无机纤维、人造纤维、合成纤维。纤维的分类见表2-3。

表 2-3 纤维的分类(按原料分)

纤维原料	天然纤维	动物类	毛
			皮毛
			丝
		植物类	棉纤维
			麻纤维
			椰壳及棕丝纤维
			草类纤维
	无机纤维	玻璃纤维、石棉纤维	
	人造纤维	黏胶纤维	
		醋酸纤维	
		铜铵纤维	
	合成纤维	聚酯纤维(涤纶、的确良)	
		聚烯烃纤维(丙纶、乙纶)	
		聚丙烯腈纤维(腈纶)	
		聚酰胺纤维(尼龙、锦纶)	
		聚氯乙烯纤维(氯纶)	
		聚乙烯醇纤维(维尼纶)	

各种纤维原料性能如下：

动物毛纤维精细、柔软、温暖、有弹性、耐磨损，常用来做软体家具的座垫、床垫等。各种羊毛及混纺织物可以织出质地厚重、挺括的面料。动物毛及其织物的最大问题是易遭虫蛀、易发霉。

棉纤维柔软、透气性强、手感好，吸水性强，纺织和印染工艺成熟，织物有轻柔到厚重的各种质感。棉织物种类繁多，价格较低，在软体家具中大量应用。棉纤维与其他纤维混纺可以得到吸湿性好、高强度、高耐磨性的新型织物。

麻纤维是以各种麻类植物中取得的纤维的总称。麻纤维织物表面粗糙、耐磨性好，吸潮透气、不变形，色彩自然。用于软体家具面料有特殊的装饰效果。

人造纤维又称人造丝，是最早人工制造的纤维类产品。它是以木材、短棉绒、芦苇、蔗渣等原料，化学加工成黏胶液后喷丝制成的。人造纤维吸湿性好，容易染色，但强度较低、不耐污染、不耐磨，使用时多与其他纤维混纺。

腈纶纤维学名为聚丙烯腈纤维，它的分子结构中含有85%以上的丙烯腈单元，早期称做人造毛，在手感和质感方面与毛织物接近，质轻、强度大，保暖性能好，染色鲜艳。主要缺点是耐磨性较差，易起静电和吸附灰尘。

尼龙纤维学名为聚酰胺纤维，主要品种有尼龙-6和尼龙-66。尼龙纤维的抗张强度和弹性非常突出，尼龙织物具有较强的抗拉、抗磨性能。

聚烯烃纤维是指聚乙烯和聚丙烯纤维。它们是合成纤维中最轻的一种，相对密度为0.9~0.96tex。具有强度高、耐腐蚀、耐化学药品性好、不吸水等特点。缺点是染色性差。

涤纶纤维学名为聚酯纤维，是指化学结构中含有85%以上的二元醇对苯二甲酸酯的长链聚合物。涤纶纤维价格低廉，可与其他纤维混纺得到各种性能的织物。

氯纶纤维的学名为聚氯乙烯纤维，价格低廉，原料来源广泛，耐化学药品、耐气候、耐磨、防霉、不燃。缺点也是染色困难。

2.4.1.2 纤维织物的装饰手法

（1）印花

用染料或颜料在纺织物上施印花纹的工艺过程，称为印花。纺织品覆盖了床垫的表面部分，在室内环境中起着重要的作用，如增添室内的舒适感，有防寒、防潮、减少噪声、隔音、防尘、调节温度等多种作用，而印花纺织品的装饰花纹和色彩又与室内设计风格有直接关系。

（2）提花

提花，即以经、纬线的浮沉来表现各种装饰形象，且以纤维的性能、纱线的形态、织物的组织变化显示出各种材料的质地、光泽、纹理等效果之艺术与工艺结合的造型方法。

2.4.1.3 纤维织物的鉴别方法

（1）手感目测法

此法适用于呈散纤维状态的纺织原料。

①棉纤维比苎麻纤维和其他麻类的工艺纤维、毛纤维短而细，常附有各种杂质和疵点。

②麻纤维手感较粗硬。

③羊毛纤维卷曲而富有弹性。

④蚕丝是长丝，长而纤细，具有特殊光泽。

⑤化学纤维中只有黏胶纤维的干、湿状态强度差异大。

⑥氨纶丝具有非常大的弹性，在室温下它的长度能拉伸至5倍以上。

（2）显微镜观察法

根据纤维的纵面、截面形态特征来识别纤维。

棉纤维　横截面形态，腰圆形，有中腰；纵面形态，扁平带状，有天然转曲。

麻（苎麻、亚麻、黄麻）纤维　横截面形态，腰圆形或多角形，有中腔；纵面形态，有横节，竖纹。

羊毛纤维　横截面形态，圆形或近似圆形，有些有毛髓；纵面形态，表面有鳞片。

兔毛纤维　横截面形态，哑铃形，有毛髓；纵面形态，表面有鳞片。

桑蚕丝纤维　横截面形态，不规则三角形；纵面形态，光滑平直，纵向有条纹。

普通黏纤　横截面形态，锯齿形，皮芯结构；纵面形态，纵向有沟槽。

富强纤维　横截面形态，较少齿形，或圆形，椭圆形；纵面形态，表面平滑。

醋酯纤维　横截面形态，三叶形或不规则锯齿形；纵面形态，表面有纵向条纹。

腈纶纤维　横截面形态，圆形、哑铃形或叶状；纵面形态，表面平滑或有条纹。

氯纶纤维　横截面形态，接近圆形；纵面形态，表面平滑。

（3）荧光法

利用紫外线荧光灯照射纤维，根据各种纤维

发光性质不同，纤维的荧光颜色也不同的特点来鉴别纤维。各种纤维的荧光颜色具体显示：

棉、羊毛纤维　淡黄色。

丝光棉纤维　淡红色。

黄麻(生)纤维　紫褐色。

黄麻、丝、锦纶纤维　淡蓝色。

黏胶纤维　白色紫阴影。

有光黏胶纤维　淡黄色紫阴影。

涤纶纤维　白光青天光很亮。

维纶有光纤维　淡黄色紫阴影。

（4）燃烧法

根据纤维的化学组成不同，燃烧特征也不同，从而粗略地区分出纤维的大类。几种常见纤维的燃烧特征判别对照如下：

棉、麻、黏纤、铜氨纤维　靠近火焰，不缩不熔；接触火焰，迅速燃烧；离开火焰，继续燃烧；气味，烧纸的气味；残留物特征，少量灰黑或灰白色灰烬。

蚕丝、毛纤维　靠近火焰，卷曲且熔；接触火焰，卷曲，熔化，燃烧；离开火焰，缓慢燃烧，有时自行熄灭；气味，烧毛发的气味；残留物特征，松而脆黑色颗粒或焦炭状。

涤纶纤维　靠近火焰，熔缩；接触火焰，熔融，冒烟，缓慢燃烧；离开火焰，继续燃烧，有时自行熄灭；气味，特殊芳香甜味；残留物特征，硬的黑色圆珠。

锦纶纤维　靠近火焰，熔缩；接触火焰，熔融，冒烟；离开火焰，自灭；气味，氨基味；残留物特征，坚硬淡棕透明圆珠。

腈纶纤维　靠近火焰，熔缩；接触火焰，熔融，冒烟；离开火焰，继续燃烧，冒黑烟；气味，辛辣味；残留物特征，黑色不规则小珠，易碎。

丙纶纤维　靠近火焰，熔缩；接触火焰，熔融，燃烧；离开火焰，继续燃烧；气味，石蜡味；残留物特征，灰白色硬透明圆珠。

氨纶纤维　靠近火焰，熔缩；接触火焰，熔融，燃烧；离开火焰，自灭；气味，特异味；残留物特征，白色胶状。

氯纶纤维　靠近火焰，熔缩；接触火焰，熔融，燃烧，冒黑烟；离开火焰，自行熄灭；气味，刺鼻气味；残留物特征，深棕色硬块。

维纶纤维　靠近火焰，熔缩；接触火焰，熔融，燃烧；离开火焰，继续燃烧，冒黑烟；气味，特有香味；残留物特征，不规则焦茶色硬块。

2.4.1.4　软体家具常用纤维织物的种类及特点

（1）天然织物

天然织物是指以天然材料，如动植物纤维为主要原料的纺织品，原料有棉花、麻、果实纤维、羊毛、兔毛、蚕丝等。布艺沙发常用的天然纺织品有棉布、麻布、绒布等。

棉布是一种中等重量的平纹织物，特点是透气、吸湿、耐虫蛀，触感平滑。多用于体量较小、价位较低的布艺沙发。沙发常用的棉布有织棉，织棉具有浮雕效果，通常凸起的图案一般为彩色或具有与基底不同的纹理。织棉也可用蚕丝、羊毛、棉花等材料。

麻布是以大麻、亚麻、苎麻、黄麻、剑麻、蕉麻等各种麻类植物纤维制成的粗纤维高强度织物。麻布手感厚实、粗糙，揉搓感觉较硬而富有弹性。根据单位长度的重量来分级，从低级的140g/m 到高级的 400g/m，最常用的重量级别为230~400g/m。它的优点是强度极高，导湿、导热、透气性甚佳。它的缺点是外观较为粗糙、质硬。适用于时尚的欧式现代沙发。

绒布是对用各类棉、毛、绒织成的织物的泛称。它的优点是防皱耐磨，触感柔软，高雅大方，富有弹性，保暖性强。它的缺点是洗涤较为困难、价格较高。布艺沙发常用的绒布有平绒、丝绒、天鹅绒、长毛绒和复合绒。平绒以棉纱线或丝线为原料，平绒布身厚实，绒面柔软，绒毛稠密，不易倒伏，光泽柔和，抗皱性、保暖性好；天鹅绒是一种短、厚、卷的珠花绒织物，用棉花、人造丝、亚麻或蚕丝制造；长毛绒是用安哥拉山羊毛或蚕丝制成的珠花绒织物，其绒毛比丝绒毛长；复合绒采用黏贴方式复合不同的材料，以解决经纬方向的强度差异，强度较高，弹性好。

（2）人造织物

人造织物是利用高分子化合物为原料制作而成的纺织品。通常分为人工纤维与合成纤维两大类。优点是色彩鲜艳、质地柔软、爽滑舒适；缺点是耐磨性、耐热性、吸湿性、透气性较差，遇热容易变形，容易产生静电。所以人造织物在沙发产品中的应用较少，一般用于抱枕、靠垫等沙发配套物品。

（3）混纺织物

混纺织物是化学纤维与其他棉、麻、丝、毛等天然纤维混合纺织成的产品。以涤棉为例，吸收了棉、麻、丝、毛和化纤各自的优点，又尽量避免或弥补了它们各自的缺点，而且价格较为低廉。涤棉常用于沙发抱枕、靠垫等配套物品。

常用沙发布料见图2-17。

2.4.1.5 纤维织物布料的发展趋势

现代软体家具纤维织物面料集功能与装饰为一体，"外看风格，内重功能"，正朝着体现科技、时尚、绿色的理念方向发展。一是纤维原料应用更加丰富和多样化，努力创新研发功能性布料。广泛选择各种棉、麻、毛、真丝、合成纤维等原材料，采用不同的混纺、交织等加工工艺，制造出具有差异化、多样化、功能性的新型纤维纱线，以及含时尚元素的花式纱。例如，阳离子染色纱、竹节纱、苎麻针织纱线等。这些功能性特色布料促进了软体家具面料的品质提升和产品创新。二是突出面料织纹结构的表现力。在工艺上采用平纹、网纹、缎纹等不同组织结构相结合，使面料外观表现出柔与挺的对比，光滑与粗糙的对比，立体感和凹凸感更强。另外，随着绣花和印花工艺设备的不断更新，各种剪花、压花、雕花工艺也广泛应用到布料品种的开发上，极大丰富了设计的表现力。三是面料图案呈现"轻奢"的时尚风格。现代、轻奢、简约已成为软体家具布艺的主流风格。摒弃烦琐杂乱的装饰和多余的点缀，将自然肌理纹和人造肌理纹大量运用到面料设计中，是当前软体家具布艺设计的流行趋势。

2.4.2 皮革

软体类皮质家具通常讲的皮革主要指真皮、再生皮及人造革等。真皮取自动物，用于制作软体家具的真皮通常是牛皮、羊皮、猪皮。真皮可以直接加工使用，也可制成再生皮，那是用皮的碎料进行再加工。人造皮属于化工原料，是根据人们的需要而创造的(图2-18)。

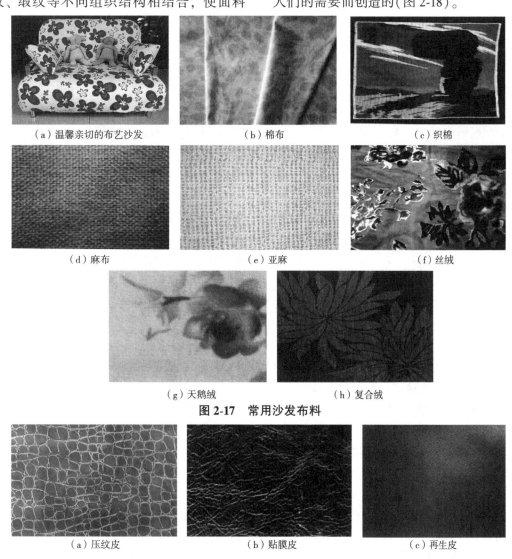

（a）温馨亲切的布艺沙发　　（b）棉布　　（c）织棉

（d）麻布　　（e）亚麻　　（f）丝绒

（g）天鹅绒　　（h）复合绒

图 2-17　常用沙发布料

（a）压纹皮　　（b）贴膜皮　　（c）再生皮

图 2-18　不同皮革式样

2.4.2.1 真 皮

真皮指的是把生皮上的表皮、皮下组织等通过机械处理和化学作用除去以后而保留下来的真皮部分。换句话说，就是通过化学试剂、机器设备除去生皮上的毛、肉、脂肪等无用物，并对真皮层中一些纤维组织进行适当处理，得到既柔软又有弹性且易于保存的天然产品。

通常，真皮的分类有四种方法：第一，按皮质原料的不同，可以分为猪皮、牛皮、羊皮、马皮、蛙皮、蜥蜴皮、蛇皮等。第二，按成品革的用途，可以分为服装革、鞋面革、箱包革、手套革、底革、腰带革等。第三，按鞣制方法(即熟革方法)，又可以分为铬鞣革、铝鞣革、植物鞣革、醛鞣革等。在日常生活中，以铬鞣革最多见。第四，按加工后成革自身的状况，还可分为全粒面革、修面革、绒面革、二层革等。其中，全粒面革是最好的。因为它具有真皮清晰的粒纹，涂层薄，手感好，保持了皮革最天然的本色。

牛皮一般有黄牛皮、水牛皮、牦牛皮等，其中以前两种居多。牛皮一般用来做成皮鞋、皮包，还有的做成皮衣。黄牛皮具有细致的粒纹，它的天然毛孔呈不规则点排列。水牛皮比黄牛皮的毛孔大，皮纤维也稍粗，通常也用来做箱包、鞋面革。用牛皮制作的皮件柔软，韧性好，结实、耐用、美观，是消费者最易接受的皮制产品。

羊皮一般有山羊皮、绵羊皮之分。山羊皮的粒面花纹呈波浪型排列，粒面细致，常用来做成山羊服装革、山羊高档鞋面革、山羊手套革等。但山羊皮强度要比牛皮革、猪皮革差些。绵羊革的粒面花纹呈半月牙型排列。它柔软性好，但耐用性较差。通常，绵羊革用来做成皮衣、手套。近几年，市场上的绵羊皮服装受到了用户的喜爱，因为其价格合理，档次适中，既美观大方又抵御严寒，绵羊皮衣已成为大众过冬的首选品种之一。

猪皮的粒面花纹比较特殊，它的皮面上花纹常常是三个毛孔一组分布的。猪皮面较粗糙，柔软度可软可硬，它的强度较好，结实耐用。猪皮革常用来做成猪皮皮衣、皮箱、皮鞋、皮包、底革制品、手套、腰带等。目前，中俄边贸中最热门的产品贸易就是猪皮服装，而且从发展趋势看，猪皮皮衣正向高档化发展。

全粒面革是指保留了皮革天然的粒面花纹且没有经过任何压花修饰，皮革表面的涂饰层为不加任何颜料的透明层的真皮。一般来讲，猪皮、牛皮、羊皮等都可做成全粒面革。由于全粒面革的制作需要选用没有伤残或伤残很少的皮，因此全粒面革属于高档皮革，可用来制作各类皮革制品。

修面革是利用磨革机将表面轻磨后进行涂饰，再压上相应的花纹制成的。实际上是对带有伤残或粗糙的天然革面进行了"整容"。动物皮也有好坏之分。一般来讲，大多数动物皮表面都会有各种伤残，这些伤残有些是天然的，有些是制作过程中人为留下的。因此这类皮革的表面常常需要通过压花，涂上较厚的涂饰层来弥补其不足之处。修面革虽制作烦琐，但售价往往低于全粒面革。不过值得一提的是，经修饰后的伤残皮，因其外观美丽，常常以"假"乱真。当然，此处的假，并不是说用假皮，而是因为在羊皮上压上了蛇皮花纹，有可能让人误认为是蛇皮。也就是说，修面革可以提高皮革的等级率和档次。

(1) 真皮的特性及皮层分割

牛皮坚韧，好牛皮光洁细腻、纹理清晰。羊皮柔软细洁，但强度稍逊，皮张窄小，加工面料时往往需要拼接，设计家具时可以以此为特点分解部件，体现组合的美感。猪皮皮质粗糙、光泽度差，较易辨别。真皮具有规律的天然毛孔和皮纹，仿皮没有，即便有也是人造的，因不够自然而较易分辨。在断面上，天然皮革由皮纤维交织而成，而仿皮没有这种结构，纤维长度与排列规律和天然皮也极不相同。

因厚度与价格因素，原皮不会直接用作软体家具的面料，通常会作层间分割。最外的一层称做头层皮，也叫全青皮，皮质柔软、贵重；其次分别为二层皮与三层皮，一般就分割三层；二层皮也称半青皮，表面张力、柔韧性和耐磨性都不如头层皮，价格也低廉。头层皮在放大镜下有清晰的毛孔可见，摸压时偏硬。磨砂皮通常不是头层皮。

目前真皮沙发多用牛皮做面料。目前制革技术已可以对厚实的牛皮进行多层切割，产生头层皮、二层皮甚至多层皮。沙发皮革以运用头层皮和二层皮为主。

头层皮　由各种动物的原皮直接加工而成。对较厚皮层的牛、猪、马等动物皮，脱毛后切割成上下两层。头层牛皮可分为全青皮、半青皮及压纹皮3个大类。

全青皮：选用特别精选的皮坯，即幅面大、韧性好、弹性好、质感好、伤痕少的皮坯。在制作过程中，为了保持皮坯原有的本质，由皮坯自然吸色，不补灰、不磨革、不涂饰、不压花。从表面上看，毛孔伤痕清晰可见，纹路自然收缩，不均匀、不规则。颜色自然，深浅分明，光泽度好，质地柔软，手感爽滑，透气性能强、有冬暖夏凉的特性。由于头层皮弹性好，使用时颜色受到真皮扩张力的影响会有少许变色或双色效果，甚至无法恢复原色，但并不影响使用。全青皮属皮中精品，价格较高，多用于高档沙发。

半青皮：皮坯品质与级别略低于全青皮，允许部分伤痕存在。制作过程中需打磨多次，修补伤痕，部分可以加压皮坯以减少瑕疵，增大使用面积。表面有一层较薄的涂饰，纹路粗细不均匀，颜色薄而匀，手感较全青皮差，光泽度强，质地柔软舒适，透气好。半青皮货源充足，价格合理，是目前沙发行业首选材料。

压纹皮：皮坯的级别较低，伤痕多。皮面经打磨多遍、修补伤痕、喷多层颜料后，压上粗细均匀的花纹，以覆盖全部伤痕和毛孔。皮表面无毛孔、伤痕少、着色均匀、厚薄一致。质地稍硬，手感与透气性较差，易清洁。

二层皮　是真皮纤维组织较疏松的下层部分，经喷涂面饰材料或覆上 PVC、PU 薄膜加工而成。二层皮可分为贴膜皮与涂饰皮两大类。一般用在沙发的背部或扶手外侧，即人的皮肤接触不到的部位。

（2）真皮的质地

软体家具用的真皮革质地主要分为 6 种，为获得所需色彩、增加美感，皮革通常需要着色。

本染透心皮：这类皮毛细孔肉眼可见，为目前最高级的皮革，产于欧洲的寒带国家，组织细腻、坚韧、不易皲裂，触感极佳。

次级本染透心皮：此类皮质毛孔肉眼可见，仅次于本染透心皮，产地与制法与本染透心皮相同。

涂料上等皮革：产于澳洲热带地区，制革时需要在表面另加化学涂料才能巩固皮革，加强韧性，从而使坐、卧时不易开裂。

涂料次等皮革：品质较上等皮革差，价格中等，性价比好，用量最大。

水牛皮革：泰国产，质料较硬，柔软度欠佳，品质稍差。

再生皮：由皮层削制后剩余组织，经加工复制而成，仍有真皮的一些优点，但总体质量略差、价廉。

由于真皮取自动物，存在着皮质不均等天然缺陷。如背部皮质光洁、结实，腹部皮质柔软、多皱，同时由于气候和牧场环境不同，有些厚皮存在着伤口等缺陷，都会影响到出材率或成品沙发的品质。

2.4.2.2　人造革

人造革也叫仿皮或胶料，是 PVC 和 PU 等人造材料的总称。它是在纺织布基或无纺布基上，由各种不同配方的 PVC 和 PU 等发泡或覆膜加工制作而成。可以根据不同强度、耐磨度、耐寒度和色彩、光泽、花纹图案等要求加工制成，具有花色品种繁多、防水性能好、边幅整齐、利用率高和价格相对便宜的特点。但绝大部分的人造革，其手感和弹性无法达到真皮的效果，多用于沙发背面、扶手外侧等人体接触不到的部位。

人造革是在合成树脂中加入增塑剂后，以糊状、分散液状或溶液状涂在布面上，再经过加热处理而得到的产品，也可将树脂等混合加热再经滚压成有布衬或无布衬的产品。人造革虽然能替代天然皮革加工成鞋、包等，但它有明显的缺点，如卫生性能差，透气性、透水性不好；易老化，不耐用；强度不高，易损坏等。当然，人造革也有抗水性能好，耐酸、碱、有机溶剂等特性的优点。

聚氯乙烯人造革　是以聚氯乙烯树脂为主要成分，经压延、复合、涂布、黏合等方法生产的布基树脂复合材料。布基一般为化纤织物，有普通平纹布、斜纹布、针织布、无纺布等。表面树脂装饰层有单层、多层、发泡、印刷、压花、二次覆膜等。聚氯乙烯人造革强度高，附着力强，品种繁多，软硬程度随布基品种及表面结构而异。

聚氯乙烯尼龙布基人造革　是以高强度尼龙绸或尼龙布为基材，聚氯乙烯树脂经压延或刮涂复合制造的布基复合卷材。这种产品抗拉强度高，用于受力较大的场合。其中以尼龙绸为基材发泡的产品比较柔软，而以尼龙布为基材、普通表层的产品比较坚挺。

聚氯乙烯针织布基发泡人造革　是以聚氯乙烯树脂、发泡剂及其助剂为表面涂层，以单面纬编平针针织布为底基的发泡型布基复合卷材（简称针泡革）。针泡革基材弹性好，柔软性好，发泡面层手感舒适，表面柔软。

聚氨酯人造革　是以聚氨基甲酸酯为主要成分，加入交联剂、着色剂、稀释剂等辅助原料与起毛布复合干法加工而成的布基复合卷材（也叫做PU革）。聚氨酯树脂的综合性能高于聚氯乙烯，面层柔软耐折，耐老化性能好。

2.4.2.3　再生皮

再生皮是用真皮加工过程中的皮屑作为纤维材料，在黏合剂作用下经一定的工艺加工之后黏合在一起，再进行脱水、成型、压制、干燥、打光、硫化、涂饰后制成的。由于再生皮中含有天然皮革纤维，但制备过程中又加入不少材料，所以说，再生皮既是天然皮革，同时又是人工合成的革。再生皮有以下缺点：坚牢度差，不耐用；卫生性能差；抗水性能差。用再生革可以代替一部分真皮做成箱包、鞋材料等，弥补了天然皮张的不足。

再生皮是将真皮下脚料粉碎后，加入树脂、胶料等化工材料加工而成。再生皮的表面处理工艺与修面皮、压花皮相同。再生皮的特点是皮张边缘整齐、利用率高、价格便宜；但皮身较厚，强度较差。再生皮的纵切面纤维组织均匀一致，可辨认出混合纤维流质物的凝固效果。再生皮常用于价位较低的沙发产品，与真皮搭配使用。

2.4.2.4　皮革面料生产关键技术

原料皮的选择　生产皮革的原料皮一般选择张幅大、无孔洞、无深透的剥刀伤、无明显驼峰的皮。全粒面涂饰的皮革应选择粒面平细、皱纹浅少、表面无明显伤残的皮。对于对比度大的双色革或厚型压大花纹的皮革，也可以选一些有轻微表面伤和有遮盖可能的较粗纹的原料皮。表面伤残较多、毛孔粗糙、纹路较深的原料皮一般都做磨面皮革。原料的分选和合理利用决定着企业的经济效益。好的原料要做出高档产品，差的原料要精工细作，提高档次。

浸水处理　目前国产原料皮和进口原料皮都是盐腌皮。这种皮充水比较容易，但必须注意脱脂，只有比较好地脱去表面油脂，才能保证原料皮各部位均匀地充水，溶出皮内特别是血管内的残血和可溶性蛋白质，对后期皮的处理，防止血管显露十分重要。因此，浸水时加入食盐、浸水助剂很有必要，为了防止浸水过程中细菌侵蚀皮质，要加入足够量的杀菌剂。为了加速浸水过程和软化皮革的要求，往往加入一些浸水酶。一般控制沙发皮革的浸水程度要稍大于鞋面革浸水程度。

浸灰碱处理　多数的皮革都要求柔软，浸灰碱在很大程度上决定皮革的身骨。因此，皮革的浸灰碱程度要比鞋面革大些。浸灰碱程度大就意味着灰碱用量大、时间长、温度高、多添加促进剂。温度可以适当提高到30℃，但过高的温度会促使蛋白质胶化，甚至烂皮。灰碱量大容易造成表面过度膨胀，出现粗纹、深纹，使得后期发生难以解决的死纹。日本研制出一种材料，在毛发黏、开始脱落时，将该材料加入皮面产生抑制作用，使皮从内部缓慢膨胀，待浸碱结束时达到完全正常膨胀，这样处理的碱皮表面比较平滑、纹浅。浸灰碱的促进剂一般是浸灰助剂和浸碱酶，浸碱酶的用量不宜过多，否则会使皮空松。为了增加浸灰碱程度，在片碱皮后往往采用复浸灰的方法。复浸灰时，加入石灰和少量的硫化碱，再加些浸灰助剂和浸碱酶。

脱脂、浸酸、鞣制　为了保证好的鞣制效果，减少油脂的干扰，通常要进行多次脱脂，如脱灰、软化、复鞣等。脱灰要净，软化一般比较强，采用胰酶和中性蛋白酶同时进行，用量是鞋面革的数倍，时间也要加长。浸酸常采用低pH值、长时间的大浸酸，鞣制时可采用缓慢提碱等方法，使皮表面平细。

中和　一般采用大中和的方法。所谓大中和，是使pH值达到6或更高的较深透的或完全的中和。中和用的材料可以多种多样，但要根据成革要求进行选择。对于粒面要求紧实的，可以选择缓和的中和剂如丹宁精先中和20分钟，然后再用甲酸钠、小苏打等进行中和；如要求粒面柔软的，可以用大苏打先中和30分钟，然后再用碳酸氢铵、小苏打、甲酸钠中和；粒面粗糙的皮也可以用小苏打、甲酸钠直接中和。

复鞣　是最后决定成革身骨的关键。铬复鞣可以使皮革获得较好的内在理化性能，成本也相对低廉，但铬复鞣不能使皮革获得要求的其他性能，为此，除铬以外，采用各种复鞣填充方法，如为了使毛孔收缩变小、成革柔软，采用戊二醛或醛-铬相结合的复鞣方法。为了生产白色或浅色皮革采用白丹宁、拜耳锆。为了生产厚型大纹皮革，采用植物鞣剂复鞣的方法。复鞣可以在中和前也可以在中和后进行。对于比较紧实的蓝革，多采用一些分散和使皮革柔软的丹宁如丹宁精、利华坦等进行复鞣。为了减少部位差，可以用填充性鞣剂双氰胺、三聚氰胺类或雷宁精等适当填充。为了提高耐摔性，也可以加入一些树脂类的复鞣剂。合成鞣剂多，特别是树脂类合成鞣剂过多会使皮革增加塑性，也会出现花纹难以定型的问题。

加油　油脂是一种润滑剂，它赋予皮革以柔软、丰满、润泽和一定的防水性。油脂的选择、搭配和加脂方法都十分重要。亚硫酸化和氧化亚硫酸化油脂的耐电解质性能好，可以在多道工序进行加脂。鱼油、卵磷脂、鲸蜡油、羊毛脂等油润性比较好。合成油脂柔软、质量轻。动植物油合成油的合理搭配使用是十分必要的。皮革需要较多的油脂，大量的油脂一次性加入，不仅难以吸收，而且也达不到设定的效果，因此皮革加油分几次完成。中和后，一般都加入较多的亚硫酸化鱼油，配一些其他柔软性油脂，加油后过夜，实施深透性加油，使皮内深层纤维滋润。复鞣填充和染色时，加入少量合成油，使填充染色均匀、快捷。加脂一般选用多种性能的油脂混合加脂，搭配以柔软助剂。油量的多少根据皮革的要求确定。为了提高加油效果，也可以加入一些分散性助剂如利华坦。对于黑色和深色的皮革，要求最后套色，套色时再补充些油脂。染色加油结束时，为了固色和改变表面手感，往往加少量的阳离子加脂剂。

由湿变干操作　皮革染色加油结束，由湿变干过程中，通常采用挤水伸展，湿皮绷板干燥的方法，绷板时张开的距离以皮张幅大小确定，皮越大，张开的距离越大。座椅皮也可以采用轻真空干燥，挂晾干、振软、摔软、干皮绷平的方法。

磨革　对于表面有伤残的皮、毛孔粗大的水牛皮，一般采取先补伤后磨皮的方法。补伤可采取点补与局部刮补相结合。补伤后进行第一次磨革，黄牛皮可用320#砂纸，先磨头部、颈部大纹部位，再统磨一次，降尘后检查各部位磨面是否一致，可用400#砂纸统磨一次，即可涂饰。水牛皮毛孔粗糙，表皮层厚，必须用280#砂纸将表皮磨薄，粗毛孔填补平，磨薄后再用320#或400#砂纸磨细，达到接近黄牛皮的感觉，才能进行涂饰。

涂饰　皮革涂饰用的材料必须经过筛选，易霉变的材料不能使用，如酪素和含酪素的颜料膏不能使用，不耐紫外光照射的材料不能使用。因此，含染料和染料水的颜料膏要慎重使用，以防止染料迁移。在选用材料时，要考虑到地区和气候的差异，要注意树脂的防寒和发黏问题。涂饰用树脂搭配时要考虑压花定型性，尤其要注意防切断花纹的完整

性。涂饰层的高物性是皮革的基本要求，为了保证高物性，除了选用性能优异的涂饰剂外，往往采用使之交联的方法，交联可以提高高物性。交联越充分，塑感越强。为了保持较好的柔软性，涂饰剂中常添加柔软性助剂如优登柔软剂。为了消除补伤后出现亮斑和明暗不一致现象，必须在底涂浆中加入消光剂如优登消光剂。

皮革的涂饰是一个比较复杂的工程，由于品种多、花色多，涂饰方法也就极其繁多。全粒面类皮革除了涂饰符合皮革特殊要求外，其他的与服装革、软包袋革有很大相似之处。当然，全粒面皮革有单一色的、双色的、苯胺涂饰的，也有油蜡感的。

磨面皮革是皮革中的主体。磨革、底涂、压花、摔软、涂饰这是一般磨面皮革的基本做法。磨面皮革根据皮的厚薄压出细纹、中纹和大纹，花纹的大小和皮的厚薄一定要对应，否则达不到预想的效果。压花一般在完成底涂后进行。底浆过少，不仅花纹定型差、露底，后面涂层必须加厚，这样成品塑感加重，易散花纹。底浆过多，摔软时不易变柔软，容易出现塑感。压花后的皮应花纹清晰，无切断现象，不散纹，易摔软。

转鼓摔软是生产皮革必不可少的工序，压花革的摔软一般是在压花后进行。摔软时转鼓中加入橡皮球，球的多少、大小依皮的厚薄来确定。薄皮加小球，厚皮加中球。不合适的大球或加球过多，往往会导致花纹散乱。摔软时间以不散纹、不乱花、柔软为原则，摔软后的皮必须及时出鼓平搭。

磨面皮革单色涂饰比较多，也有底层和上层有色差的双色或多色涂饰。然而，水洗革在做法上就有较大的差异，这种革一般是底涂压花后先用一种符合底色的浆完成涂饰全过程（包括喷水性光油），然后喷上一层符合上层要求的第二种色浆（包括喷水性光油），这种浆有一定的黏着性，又有可水洗性，细喷多次，完全达到色调要求，而后烘干，再用湿布将花纹突出部分的浆擦掉，擦到露出底色，达到均匀一致，双色效应明显，烘干后喷光油，再摔软，达到成品要求。

除了传统的涂饰方法外，也有用阳离子封底的、先辊油再涂饰的、辊油蜡做成蜡变效果的方法等，还有对差面实施转移印花再涂饰的方法等。

皮革花纹定型是一个重要问题。复鞣时采用植物鞣剂、改性植物鞣剂、有些替代型合成丹宁，这些都有助于使成品具有较好的压花定型性。丙

烯酸类的回弹性大，定型性差，但耐摔性好。过量的加脂或加入性能不好的油脂，会使皮缺乏弹性，花纹难以定型。涂饰用树脂要有较好的热定型性，耐切断性要好。压花的技术条件也直接影响到花纹的定型性，压花条件的确定是在花纹定型好、不易摔散的情况下，压力、温度、保压时间越小越好。只有这样，摔软的时间才会短、容易软，手感也相对好。

2.4.2.5　皮革的鉴别

　　猪皮、牛皮等天然真皮沙发与人造的仿猪皮、仿牛皮沙发是截然不同的，其表面特征最明显的区别是后者没有毛孔。猪皮的毛孔粗大，并且每三根毛的毛孔组成一个等腰三角形，表面花纹显示无规则状。牛皮的纹理较细无规则。而仿皮即使有纹理，分布很规则，如仔细看，就会发现不存在真正的毛孔。此外，倘若细看皮革的截面，就可了解天然真皮是由无规则动物纤维紧密交织而成，而仿皮是呈现海绵弹性的材料，或是由化学纤维压合而成，还常有黏合的布料存在。

　　优质的天然真皮应是表面皮纹清晰、光洁、伤残缺陷少，大面积地抚摸沙发的松软部位，手感既柔软又丰满。另外，对优质真皮，如用干或湿的白布用力揩擦其表面，应不褪色，且撕裂强度应良好。

　　其实，皮沙发可分为两类，如以牛皮沙发为例，可分为全牛皮沙发和半牛皮沙发，前者是除沙发底面外，各表面都是以牛皮包覆，后者则仅处于与人体接触的部件，如靠背前面、坐面及扶手内侧和上表面用牛皮包覆，这样可降低生产成本和售价，也一样能满足使用要求。目前市场上通常把半牛皮沙发也称为牛皮沙发，消费者在选购皮质沙发时有必要加以识别。

2.5　辅　料

2.5.1　绷带与底布

　　（1）绷带

　　绷带在现代沙发生产中的应用非常广泛，常采用绷带的种类有麻织类绷带、棉织类绷带、橡胶类绷带、塑料类绷带、钢（铁）制类绷带等。

　　目前比较常用的是麻织类绷带或棉织类绷带，俗称松紧带（图 2-19），其宽度约为 50mm，

图 2-19　沙发用的绷带

卷成圆盘销售。常纵横交错绷钉在沙发、沙发椅、沙发凳的底座及靠背上，然后将弹簧缝固于上面。由于底带具有一定弹性与承载能力，所以也可以将其他软垫物（如泡沫塑料、棕丝等）直接固定于其上，制成软体家具。麻织类绷带强度较高，弹性较好，是底座常用的绷带；而棉织类绷带强度较低，一般用于扶手或靠背，而不用于底座。

　　塑料类绷带是一种装饰性绷带。塑料绷带有各种颜色、耐候性好，多采用编钉形式与座框结合，编钉方式与通常的藤编方式相同。橡胶绷带弹性大，但不耐用。钢（铁）制类绷带安装时通常用钉固定在座框旁板上。固定时用钢制绷带拉紧器张紧钢绷带。

　　（2）底布

　　底布的材料有麻布、棉布、化纤布等。有沙发专用的麻布，其幅面一般为 1140mm，很结实。弹簧软体家具一般需要分别在弹簧及棕丝上各钉蒙一层麻布，沙发扶手需钉蒙两层麻布，起保护与支撑作用。

　　棉布与化纤布一般用于靠背后面、底座下面作为沙发遮盖布，起防尘作用，同时也作为面料的拉手布、塞头布及其里衬布，以满足制作工艺与质量的要求。

2.5.2　面料绳、线

　　蜡绷绳　由优质棉纱制成，并涂上蜡，能防潮、防腐，使用寿命长。其直径为 3~4mm。主要用于绷扎圆锥形、双圆锥形、圆柱形螺旋弹簧，以使每只弹簧对底座或靠背保持垂直位置，并互相连接成为牢固的整体，以获得适合的柔软度，并使之受力比较均匀。

　　细纱绳　俗称纱线，主要用来使弹簧与紧蒙在弹簧上的麻布缝连在一起。并要缝接头层麻布与二层麻布中间的棕丝层，使三者紧密连接，而不使棕丝产生滑移。第二个作用是用于第二层麻布四周的锁边，以使周边轮廓平直而明显。细纱

绳的规格有 21 支 21 股、21 支 24 股、21 支 26 股三种，根据要求选用。

嵌绳　又称嵌线。嵌绳跟绷绳的粗细基本相同，只是不需要上蜡，较为柔软。需用 20～25mm 宽的布条包住，缝制在面料与面料周边交接处，以使软体家具的棱角线平直、明显、美观。

2.5.3　塑料辅料

2.5.3.1　胶合条

（1）胶合条适用于木架边框上

如图 2-20 所示，胶合条主要用于悬挂蛇形弹簧，固定在木架木框上，平面向下，两个节之间的距离有多种选择：70mm、75mm、80mm、85mm、90mm、95mm、100mm、105mm、110mm、120mm、135mm 等。其截面形式有两种：" " 及 " "。通过导向线快速滑动钉枪，用 "∏" 形枪钉加以固定。"∏" 形枪钉的长度不低于 25mm，胶合条与弹簧之间摩擦无声音，每个胶合节拉力强度为 80kg。生产制作过程的速度快、效率高、有利于标准化生产。另外，材料环保，可循环利用。

（2）胶合条适用于方管金属边框内

如图 2-21 所示，胶合条的截面形状通常为 " "，用于悬挂蛇形弹簧，用 "T" 形钢钉固定在方管金属架边框内，平面向上，钉长约 18mm。可以替代木头或铁夹焊接的做法，美观、高效、标准、实用。同时，材料环保，可循环利用。

（3）胶合条适用于圆管金属架边框上

如图 2-22 所示，胶合条截面形状主要有两种：截面 " " 胶合条，用于悬挂蛇形弹簧，固定在圆管金属架边框上，用 "T" 形钢钉固定，两个节距之间的间距为 95mm；截面 " " 胶合条，用于悬挂蛇形弹簧，用形状为 " " 的锁扣在圆管金属架边框上固定，不用枪钉，适用于直径在 18～22mm 之间的金属圆管上，两个节距之间的间距为 100mm。可以替代木头或铁夹焊接的做法，美观、高效、标准、实用，胶合条与弹簧之间摩擦无声音，是圆管金属软体家具的理想解决方案。

（4）单个的胶合节

如图 2-23，胶合节钉在金属表面上的用 "T" 形钢钉，长约 18mm；木框表面上的用 "∏" 形枪钉，长不低于 25mm，每个节上标准固定 2 个钉。其截面形状有 4 种：一是 " " 型，适用于木框架上，平面向下；二是 " " 型，适用于木框架上，平面向下；三是 " " 型，适用于木框架或方管金属框架内，平面向上；四是 " " 型，适用于圆管金属框架上，其弧度与圆管弧度吻合。

（5）橡胶带适用于座架和靠背上

如图 2-24 所示，橡胶带可替代弹簧和传统的松紧带，应用于沙发、躺椅及座椅等上，张力的大小容易控制，抗疲劳、寿命长、环保、可循环再利用。其截面形状有 3 种：一是 "━━━" 型，适用于座架座垫上，有良好的坐感，内置高强度的强力线；二是 "━━━" 型，适用于除座架外的其他地方；三是 "━━━" 型，适用于除座架外的其他地方。

2.5.3.2　造型胶条

（1）造型胶条适用于转角平面上造型

如图 2-25 所示，造型胶条用于平面上，既收口又替代海绵，制作方便快捷，有良好的手感和防撞保护作用。其截面形状主要有两种：一是 " " 型，适用于转角平面扪制，有良好的手感和效果；二是 " " 型，适用于两部分连接处的扪制连接且有良好的效果。

图 2-20　胶合条适用于木架边框上

图 2-21　胶合条适用于方管金属边框内

图 2-22　胶合条适用于圆管金属架边框上

图 2-23　胶合节分别在金属与木框上的应用

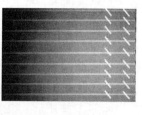

图 2-24　橡胶带适用于座架和靠背上

图 2-25　造型胶条适用于转角平面上造型

图 2-26　造型胶条适用于边缘部位造型

（2）造型胶条适用于边缘部位造型

如图 2-26 所示，适用于边缘部位造型的造型胶条，极具创意，实用经济，灵活多变。在边缘部可以起到保护、造型作用，提供极为舒适的手感和弹性。可以快速地扪制整齐成直线，避免出现边缘波浪状。用枪钉固定，方便无污染。提供了更多造型方案选择，随心所欲，得心应手。其截面形状主要有 3 种：一是"●"型，可用于边缘造型保护等，下面平整；二是"●"型，可用于沙发、休闲椅、床等软体家具的棱边处，既可造型保护也可快速扪制，扪制效果立体、有精神、无波浪，效果奇特；三是"●"型，适用于木架边缘中间凸起造型等，可灵活多变，随心所欲。

（3）造型胶条适用于棱角边缘部造型

如图 2-27 所示，适用于棱角边缘部造型的造型胶条，主要应用于沙发边角、棱角等地方的造型保护，方便快速扪制。有的可以进行边缘造型收口滚边一站式解决，节约木材和复杂的加工。其截面形状主要有两种：一是"L"型，边角处造型保护，方便扪制，确保线条顺畅无波浪；二是"●"型，边角处造型保护，方便扪制，确保线条顺畅无波浪，此种材料同时可以达到滚边效果。

（4）造型胶条适合于边缘部和平面上造型镶边

如图 2-28 所示，适合于边缘部和平面上造型

镶边的造型胶条，在边缘部可以起到保护、造型作用，提供极为舒适的手感和弹性。可进行任意造型，替代更多木材和复杂的加工工序，提供更多造型的选择方案，用枪钉固定，方便无污染。

其截面形状主要有两种：一是"●"型，适用于边部收口造型；二是"●"型，适用于局部造型，可替代木材也可用于直接收口造型，枪钉固定在中间看不见，极具创意，方便实用。

（5）造型胶条适用于边部装饰造型镶边

如图 2-29 所示，适用于边部装饰造型镶边的造型胶条，可以替代更多木材造型，实现边部造型收口，座架立水上造型，应用方便简单。其截面形状主要有"●"型和"●"型两种，均可用在座架前立水上，即座包下。

（6）造型胶条适用于靠背木架上造型

如图 2-30 所示，适用于靠背木架上造型的造型胶条，有极强的韧性和弹性，有良好的手感和保护功能，可替代木材，灵活调节大小造型，用枪钉固定，枪钉钉肩长约 10～15mm，钉长 20～30mm。其截面形状主要有两种：一是"●"型，用在靠背木架上，可替代 60mm 高的木材，用枪钉固定；二是"●"型，用在靠背木架上，宽度和高度可自由调节。

图 2-27　造型胶条适用于棱角边缘部造型

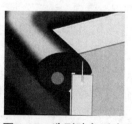

图 2-28　造型胶条适合于边缘部和平面上造型镶边

图 2-29　造型胶条适用于边部装饰造型镶边

图 2-30　造型胶条适用于靠背木架上造型

图 2-31　造型胶条适用于半圆形造型

图 2-32　下翻式拉布条

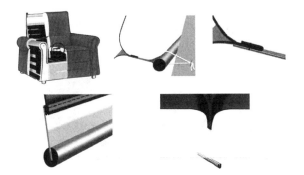

图 2-33　拉布条

（7）造型胶条适用于半圆形造型

如图 2-31 所示，适用于半圆形造型的造型胶条，用在扶手木架上及其他地方，可提供理想的造型效果及弹性，替代木材，应用方便，提升品质。其截面形状主要有两种：一是"◗"型，半圆形造型材料，可根据需要广泛应用于沙发各个部位；二是"◖"型，用在有棱角的地方造型与保护，扪制方便，提升品质。

2.5.3.3　拉布条

（1）下翻式拉布条

如图 2-32 所示，下翻式拉布条替代拉布不用钉固定，方便快捷。确保暗缝下沉均匀一致，扪制简单，标准统一，提升品质，特别适合沙发，办公椅

图 2-34　拉布卡槽

等暗缝造型。其截面形状通常为"⌐———"。下翻式拉布条采用灰色无纺布拉布，其宽度规格有：46mm、63mm、93mm、120mm 等。胶条宽度有 40mm 和 60mm 两种。

（2）拉布条

如图 2-33 所示，拉布条可替代拉布，确保暗缝下沉均匀一致流畅，扪制简单，标准统一，提升品质，特别适合沙发、办公椅、床垫等暗缝造型拉紧扪制。弯曲不疲劳，可以采取拉紧绳和拉紧带两种方法固定。其截面形状是"●———"与"◀———"，拉布条替代拉布，无纺布拉布宽度规格有：15mm、20mm、25mm、40mm 等。胶条直径有 5mm 和 6mm 两种。

（3）拉布卡槽

如图 2-34 所示，拉布卡槽通常与拉布配套使用。拉布卡槽要预先固定，直接用枪钉固定，车缝好的拉布条直接按进卡槽中即可，扪制简单、快捷、标准。其截面形状有 5 种：一是"⊔"型，用来卡扣"●———"型拉布条，即和其配合使用，走直线不宜弧度或可以弯曲适合有弧度的地方；二是"⌐⌐⌐"型，上面有 3 个卡槽和"◀———"型拉布条配套使用，木螺钉固定；三是"⟡"型；四是"Ƴ"型；五是"⊔⊔"型，分别有单独的一个卡槽，与"◀———"型拉布条配套使用，这种卡槽一般采用预埋固定，汽车行业应用比较广泛。

2.5.3.4　锁合胶条

如图 2-35 所示，锁合胶条替代拉链，是极其理想的接合连接方案。接合效果舒适不可见，分单边和双边接合，应用更广泛。方便扪制，严谨科学，提升效率。单边锁合接合胶条，应用在边框边缘，方便扪制和拆卸。同时，不同型号的锁合胶条配合使用。锁合胶条截面形状有："⌐"
"⌐" "⌐" "⌐" "⌐" "⌐"
"⌐" "⌐" "⌐" "⌐" "⌐⊔"
"⌐"。

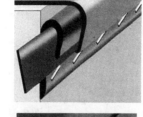

图 2-35 锁合胶条

2.5.3.5 各种滚边造型装饰收口材料

（1）单管滚边条

如图 2-36 所示，单管滚边条采用独特配方，区别于一般的塑料胶条，有的还类似于发泡胶，有理想的弹性和韧性，手感饱满舒适。不变形、抗压、抗拉、抗老化，滚边装饰效果顺畅立体，可替代传统的棉绳。单管滚边条的截面形状主要有两种：一是实心"●"型，塑胶滚边条内置三股强力线抗拉断，实心有良好的手感，广泛应用于沙发、餐椅等滚边装饰处理，同时，还有棉织滚边条等；二是空心"○"型，塑料滚边条空心，有较软或较硬的手感。

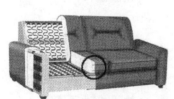

图 2-36 单管滚边条

（2）双管滚边条

如图 2-37 所示，用于双滚边装饰收口，可包布或皮，中间采取"∏"形枪钉钉固，不用胶水，钉固后双滚边条自动靠拢，严谨神奇、顺畅自然，避免弯弯曲曲。替代传统的棉绳车缝滚边两次。借助于专用滚筒车缝，高效标准快捷标准、提升品质，是高档沙发、餐椅必选产品。其截面形状

有两种：一是"↔"型，塑料弹性质感，是理想的双滚边装饰收口产品；二是"●●"型，发泡胶弹性质感，是理想的双滚边装饰收口产品。

（3）单管滚边收口装饰条

如图 2-38 和图 2-39 所示，单管滚边收口装饰，可包布皮，既收口又滚边装饰，通过枪钉钉合，操作方便，提升品质。其截面形状有 3 种：一是"⌒"型，单管滚边收口装饰条，既收口又滚边装饰，不用车缝直接钉固，是收口的极佳解决方案，滚边直径 7mm，适合沙发、餐椅、办公椅等的扣制收口；二是"⌒"型，槽口钳，用来切"V"字形槽口，适合各种胶条转弯时多余部分切除，快捷安全，不会像剪刀那样容易整个切断；三是"⌒"型，收口胶条，适合于部分镶边收口或不封底布时使用，枪钉钉固方便实用。

（4）沟槽暗缝造型胶条

如图 2-40 所示，用"∏"形钉钉固造型，方便快捷。暗缝线笔直流畅，不用木头上开槽或拉布扣制，任意装饰。颠覆传统做法，快捷高效。其截面形状有两种：一是"∿"型，沟槽暗缝造型胶条，上面的海绵厚度不超过 25mm；二是"凵"型，沟槽暗缝造型胶条，上面的海绵厚度在 25～40mm 之间。

图 2-37 双管滚边条

图 2-38 单管滚边收口装饰条

图 2-39 单管滚边收口装饰条

图2-40 沟槽暗缝造型胶条

（5）木架边缘造型保护胶条

如图2-41所示，木架边缘造型保护，既方便扪制又防撞保护不变型。可用在沙发座框立水下、扶手木架等边缘。用枪钉钉固，方便快捷。其截面形状为"〇▪"型，木架边缘造型保护胶条，胶条边宽度规格有：10mm、10.6mm、11mm、12mm、13mm等，用枪钉固定。

（6）边缘装饰滚边条

如图2-42所示，采用边缘装饰滚边条达到整齐、笔直、爽洁的效果，棉绳滚边无法替代。采用枪钉钉固，快速标准，降低人为技术因素。适合于沙发、餐椅等立水边缘装饰滚边，立挺不下榻、不变形。非常适合有裙摆（围布）的单管滚边造型钉固。其截面形状为"〇—"型，边缘装饰滚边条，没有切口适用于走直线装饰，转窝时需要用槽口钳剪出"V"形切口即可转弯钉固。边缘装饰滚边条，有切口，适用于有弯曲边缘装饰。

（7）打反钉胶条

如图2-43所示，用来打反钉钉固扪制，扪制快捷直顺。有较强的硬度，高温不变形，低温不碎裂，是打包带等材料无法相比的。其截面形状通常为"▬▬"型，打反钉胶条，坚硬笔挺。

（8）造型胶条

如图2-44所示，能够精确界定造型形状，可用于座架、靠背、扶手前板，快速方便、随心所欲、替代木料，环保并且可循环再利用。其截面形状有4种：一是"L"型造型胶条，用于有棱角的地方，枪钉钉固，方便实用；二是"┬"型造型胶条，用于平面加宽的地方，枪钉钉固，方便实用；三是"▬▬▂"型造型胶条，用于有棱角的地方伸出造型，枪钉钉固，方便实用；四是"▬▬▬"型造型胶条，用于平面加宽的地方，枪钉钉固，方便实用。

（9）铁质框架上的钉固胶条

如图2-45所示，钉在铁质圆管或方管上的钉固胶条，替代木材，方便扪制包蒙和封底布。其截面形状有两种：一是"▬"型钉固胶条，用在方管上；二是"⌐"型钉固胶条，用在圆管框架上，适用于圆管直径18~22mm的圆管。

图2-41 木架边缘造型保护胶条

图2-42 边缘装饰滚边条

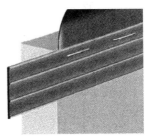 

图2-43 打反钉胶条

图2-44 造型胶条

图2-45 铁质框架上的钉固胶条

图2-46 铁质框架上的面料固定胶条

（10）铁质框架上的面料固定胶条

如图2-46所示，把面料车缝在胶条上，然后把胶条扣在方管上，方便扪制。其截面形状为"L"型固定胶条，直接车缝扣在铁架上。

（11）装潢用的胶条

如图 2-47 所示，塑胶装饰装潢胶条，表面颜色均匀不褪色，广泛应用于装修、沙发、床等的线条装潢，安装方便、品质稳定。其截面形状有 4 种：一是"⌐"型装潢胶条，常用在边部凸起装饰，采取枪钉钉固，方便实用；二是"◠"型装潢胶条，常用在平面上装饰，也可直接粘贴；三是"◠"与"♙"型装潢胶条，前者的装潢胶条是套状，直接套在后者上，后者是槽条状，用枪钉钉固后把前者套上去即可，方便实用；四是"●—"型装潢胶条，可带边缘滚边效果。

（12）打反钉收口铁条

如图 2-48 所示，可将布料或皮料进行隐形固定，无须再使用固钉，用固钉条将布料、皮革固定在框架上，然后将布料皮革翻转过来并绷紧，用固钉将金属条固钉在框架上，放入布料、皮革并封闭。其截面形状有 3 种：一是"⊤⊤⊤⊤"型收口铁条，用于直线反钉收口；另外二种是"└"与"└"型收口铁条，用于直线或弯曲边缘扣制收口，不见钉，方便实用，钩齿居中或靠边。

2.5.3.6 拉布条配套材料及工具

（1）小工具

如图 2-49 所示，小工具在拉布扣制过程中必不可少。配合拉布条施工，使用更方便。

（2）配套材料及工具

图 2-50 所示为拉布条配套材料及工具。

（3）销钉

如图 2-51 所示，销钉多用在沙发扶手前板的固定，替代拉布固定或锁螺钉，方便快捷，省时省力。

图 2-47　装潢用的胶条

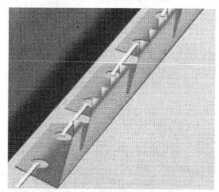

图 2-48　打反钉收口铁条

图 2-49　小工具的使用

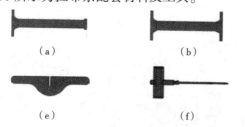

（a）　　　　　　　（b）　　　　　　　（c）　　　　　　　（d）

（e）　　　　　　　（f）　　　　　　　（g）　　　　　　　（h）

（a）（b）拉紧带，配套拉布条使用　　（c）拉紧绳，配套拉布条使用　　（d）（e）扣子
（f）（g）锥子，用于拉紧带的固定　　（h）拔钉钳，用于拔出马钉

图 2-50　拉布条配套材料及工具

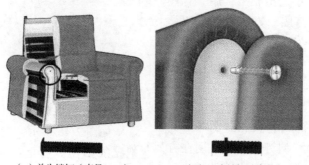

（a）单头销钉（直径8mm）　　　　　（b）双头销钉（直径8mm）

图 2-51　销钉的应用

2.5.4 脚 垫

脚垫形式如图 2-52 所示。

2.5.5 连接件(含钉)

(1)连接件

如图 2-53 所示,图中(a)主要用于转角沙发、四人沙发等的两部分连接,方便快捷;(b)主要用于连接两个零部件;(c)专业车缝工具,专业车缝双滚边条,快速车缝,标准方便;(d)连接件,用于两部分之间的连接,要两个配对使用;(e)连接件,用于两部分之间的连接,连接的两部分底部要在同一平面上;(f)连接铁片,要求连接杆直径为 6mm 或 8mm;(g)连接件;(h)滚筒,不锈钢。

(2)钉

软体家具所用的钉,主要有圆钉、木螺钉、骑马钉、鞋钉、气枪钉、泡钉、扣钉等,如图 2-54 所示。

圆钉 主要用于钉制沙发的内结构框架及绷带。在工厂常用卷钉枪来固定圆钉(图 2-55)。常用规格见表 2-4。

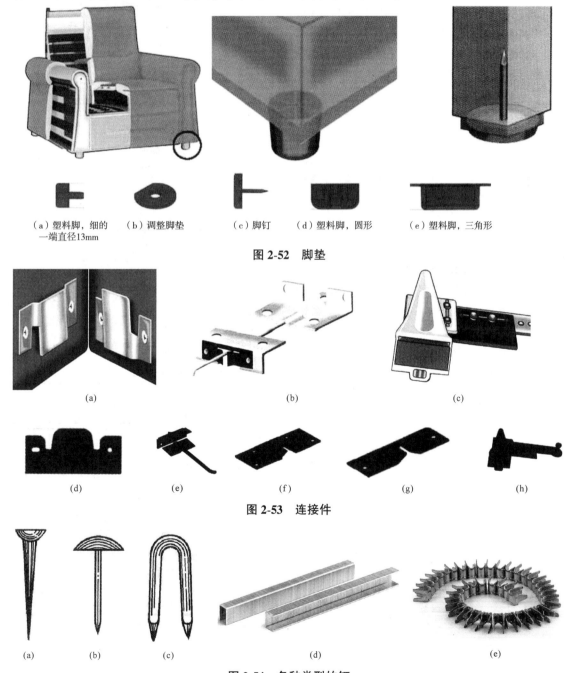

(a)塑料脚,细的 (b)调整脚垫 (c)脚钉 (d)塑料脚,圆形 (e)塑料脚,三角形
一端直径13mm

图 2-52 脚垫

(a)　　　　　　　　　(b)　　　　　　　　　(c)

(d)　　　(e)　　　(f)　　　(g)　　　(h)

图 2-53 连接件

(a)　　　(b)　　　(c)　　　(d)　　　(e)

图 2-54 各种类型的钉

（a）纸排钉　　　　　　　　（b）塑排钉　　　　　　　　（c）卷打枪

图 2-55　圆钉与钉枪

木螺钉　按头部的形状可分为沉头木螺钉、半沉头木螺钉、圆头木螺钉。主要用于沙发骨架的连接。常用规格见表 2-5。

U 形钉（骑马钉）　主要用于钉固软体家具中的各种弹簧、钢丝，也可用于固定绷绳。其常用规格见表 2-6。

鞋钉　主要用于钉固软体家具中的底带、绷绳、麻布、面料等。常用规格见表 2-7。

∏形气枪钉　主要用于钉固软体家具中的底带、底布、面料。由于采用气钉枪（图 2-56）钉制，故生产效率高，应用非常广泛。各种常用规格见表 2-8。

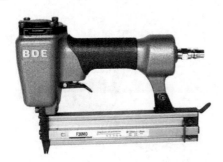

图 2-56　气钉枪

表 2-4　圆钉常用规格

钉长（mm）	钉杆直径（mm）	千只约重（kg）	千克重只数（只）
25	1.6	0.359	2532
30	1.8	0.6	1666
35	2.0	0.86	1157
40	2.2	1.19	837
45	2.5	1.73	577
50	2.8	2.42	414
60	3.1	3.56	281
70	3.4	5.00	200
80	3.7	6.75	184

表 2-5　木螺钉常用规格

直径（mm）	钉长（mm）		
	沉头	圆头	半沉头
2.5	6~25	6~22	6~25
3.0	8~30	8~25	8~30
3.5	8~40	8~38	8~40
4.0	12~70	12~65	12~70
4.5	16~85	14~80	16~85
5.0	18~100	16~90	18~100
5.5	25~100	22~90	30~100
6.0	40~120	22~120	30~120

表 2-6　骑马钉常用规格

钉长（mm）	13	16	20	25	30
钉杆直径（mm）	1.8	1.8	2	2.2	2.8
大端宽（mm）	8.5	10	12	13	14.5
小端宽（mm）	7.0	8	8.5	9	10.5
千只约重（kg）	0.48	0.61	0.89	1.36	2.43

表 2-7　鞋钉常用规格

钉全长（mm）	10	13	16	19	22	25
钉帽直径（mm）≥	3.1	3.4	3.9	4.4	4.7	4.9
钉末端宽（mm）≤	0.7	0.8	0.9	1.0	1.1	1.2
千只约重（kg）	90	147	227	330	435	488
千克重只数（只）≥	11000	6800	4400	3000	2300	2025

表 2-8　∏形气枪钉常用规格

钉内空宽（mm）	10	11.2	11.5	11.9
钉侧面宽（mm）	1.2	1.2	0.9	1.2
钉正面厚（mm）	0.7	0.9	0.6	0.5
钉高（mm）	6、8、10、13	20、25、30、35、38、40	12、14、16、18、20	12、14、18、20、22、25

漆泡钉（泡钉）　由于钉的帽头涂有各种颜色

的色漆，故俗称漆泡钉。主要用于钉固软体家具的面料与防尘布。不过，现代沙发很少使用此钉。其原因是钉的帽头露在外表，易脱漆生锈影响外观美，所以应尽量少用或用在软体家具的背面、不显眼之处。其规格一般钉帽直径为 9~11mm、钉杆长 15~20mm、钉杆直径 1.5~2mm。

扣钉 主要应用于软体家具生产制作中，如弹簧与钢丝边的固定。在生产床垫弹簧芯时，四周弹簧的上下圈分别用扣钉固定于钢丝条上，起到稳定与加固的作用。

复习思考题

1. 软体家具框架结构材料主要包括哪些？各有何特征与用途？
2. 软体家具弹簧材料主要包括哪些？各有何特征与用途？
3. 软体家具的软垫材料主要包括哪些？各有何特征与用途？
4. 软体家具常用纤维织物面料的常用种类、特点是什么？纤维的鉴别方法有哪几种？了解纤维织物面料的发展趋势。
5. 软体家具用皮革可以分为哪些种类？各有什么特征？皮革的生产关键技术是什么？皮革的鉴别方法是什么？
6. 软体家具辅料主要包括哪些？各自的用途是什么？

第**3**章
沙发结构

【本章重点】
1. 沙发结构与造型之间的关系。
2. 沙发功能尺寸与人体工程学之间的关系。
3. 沙发外部结构的组成。
4. 沙发内框架结构的种类及其特点。
5. 沙发软层结构的分类及其特点。

沙发主要由框架、填充材料和面料三大部分构成。其中，框架构建了沙发稳固的内部结构，也塑造了沙发的基本造型。填充材料对沙发不同部位的弹性、舒适度、使用寿命起着至关重要的作用。而面料的质地、色彩等则直接展现了沙发的风格品味。框架、填充材料和面料三者之间的结合方式决定了沙发的内部和外部结构，对沙发外观造型、结构强度和使用寿命起重要作用。

目前，市场上主要分有弹簧结构的沙发(图 3-1)与非弹簧结构的沙发(图 3-2)。

3.1 沙发结构与造型

沙发丰富的造型都需要通过结构体现出来，而沙发的结构需要从尺寸比例、稳定感、对称平衡等方面综合考虑。

3.1.1 沙发结构的尺寸比例

家具用点、线、面、体等几何语言来表现造型和描绘造型，因此良好的比例与正确的尺度是获得家具理性美的重要条件。比例是指沙发各部分同总体的长短、大小、高低等的相对关系。沙发的尺寸比例同实用功能的关系极为密切，同时，

对造型美有重要影响。一件比例失调的沙发。纵然造型美观、制作精细，由于结构不合理，坐着不舒适，也只能说是次品甚至残品。

沙发的尺寸比例，主要突出考虑座面、靠背、扶手、腿几个重要部分的比例，每一个"局部"都要同整体比例匀称，适应人体坐用的身体特点。例如，沙发形体较大，腿要粗壮一些，扶手要宽一些；反之，腿要纤巧一些，扶手也不要太宽。这样，既可保证制作质量，使材料得到合理的利用，又会使总体及局部造型更为美观，看上去匀称而协调。当然，强调尺寸比例，并不是要求沙发也像机械加工那样严格，分毫无差，而是基本上应符合惯用尺寸和参考尺寸比例。比例相称的形状能给人以美的享受，设计沙发必须有恰到好处的比例。

3.1.2 沙发结构的稳定感和安全感

自然界中的物体，为了维持自身的稳定，靠近地面的部分往往重而大。人们从这些现象中得到一个规律，那就是重心低的物体是稳定的，底面积大的物体是稳定的。如中国的宝塔，埃及的金字塔，以及古今中外的大部分建筑都明显符合这个规律。家具有不同重量，是由不同材料构成的实体，常常表现出一定的重量感，因此家具造

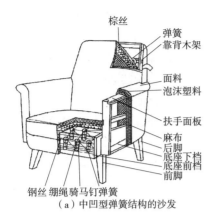

棕丝
弹簧
靠背木架
面料
泡沫塑料
扶手面板
麻布
后脚
底座下档
底座前档
前脚
钢丝 绷绳骑马钉弹簧

（a）中凹型弹簧结构的沙发

（b）袋包弹簧结构的沙发

（c）螺旋弹簧结构的沙发

（d）蛇簧结构的沙发

图 3-1　弹簧结构的沙发

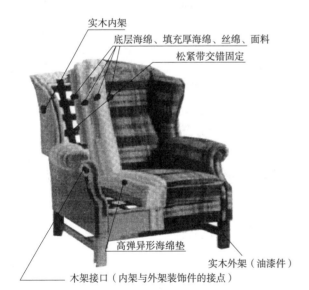

实木内架
底层海绵、填充厚海绵、丝绵、面料
松紧带交错固定

高弹异形海绵垫

实木外架（油漆件）

木架接口（内架与外架装饰件的接点）

图 3-2　非弹簧结构的沙发

型必须处理好家具重量感方面的稳定问题。

　　家具结构造型设计与自然界其他的人造物一样，其形状必须符合重心靠下或具有较大底面积的规律，使家具保持一种稳定的感觉。家具稳定要求包括两方面，一是使用中的稳定；二是视觉上的稳定。一般情况下，实际使用中稳定的家具，在视觉上也是稳定的。沙发设计应该遵循稳定原理，即重心靠下或具有较大底面积，从而取得稳定效果。在沙发造型中，如果缺乏稳定感，除影响形体的美观以外，使用时也不会安全，甚至会破坏使用效能。

　　一般来说，在结构层次上，沙发总体的重心越往下越显得稳定。但是，重心过低会显得庄重有余，精巧不足。大型沙发，重心应放在下边，有时还应用包脚的脚型进行装饰，以加强其稳定性。供旅游使用的沙发折椅，应表现出优美、轻便、活泼的造型特点，这样，重心就不能过分向下了，当重心适当上移时，也要避免头重脚轻。如果视觉上不是很稳定的沙发，可以通过重心下移或扩大底面积，或用水平线分割形体的方法进行改进。如布艺沙发可选用有水平线条的覆面材料；也可以适当加深下部的色彩等。总之，如果掌握得当，可使沙发更加形体相称，新颖别致；如果处理不好，则会失去稳定性，让人看起来不舒服，使用起来也缺少安全感。

（a）尺寸比例

（b）稳定感和安全感

（c）对称与平衡

图 3-3 沙发结构与造型

3.1.3 掌握好沙发结构的对称与平衡

沙发造型对称的形式有很多，常用的对称形式有镜面对称、轴对称、旋转对称等。用这些格局设计的沙发普遍具有整齐、稳定、宁静、严谨的效果，对称是绝大多数沙发结构对称与平衡不可缺少的要素，它会使沙发显得十分端庄、大方、协调和美观（图 3-3）。

平衡，是一种不完全的对称，是同量不同形的组合。利用平衡做造型设计的手段，可以丰富沙发的款式，避免过分呆板。有的沙发设计颇具匠心：座面上部采取同量不同形的造型方法，错落有致；座面下部的脚型采用对称式动物爪装饰，并配置波状曲线形裙板造型，显得幽雅华美，独具一格。

3.2 沙发功能尺寸与人体工程学

沙发的功能尺寸设计应遵照人体工程学的原理，人体各部位的基本尺寸及其功能是确定沙发功能尺寸的依据，也是沙发造型设计和结构设计的基础。

人的身高各不相同，但一般说来，人体各部位的长度都遵循着一定的比例关系，即：从足到膝的长度占人体总长的 24%~27%；从膝到股骨的长度占人体总长的 26%~27%；从股骨到头顶的长度占人体总长的 48%~52%。

掌握了上述比例关系，设计时就可以确定沙发的基本功能尺寸。当然，在设计过程中，不可能按每个人的不同身长设计不同尺寸的沙发和座椅，但大体可以确定一个范围。目前，我国有关沙发等软体类座椅的部颁标准，就是按我国成年人体的平均尺寸来制定的。

人体为坐姿时，主要受力点有 3 处，即腿部、臀部和背部。因此，在沙发设计中，为了增加人体的舒适度，应根据人体各部位的基本尺寸考虑沙发的主要功能尺寸：靠背背高、靠背与水平面之间的夹角、座高、座宽、座深、扶手高度、座面和靠背的软硬度和线型、座面与水平面的夹角。在确定这些尺寸时，还应考虑到人在工作和休息时的不同要求。

3.2.1 沙发的人体工程学原则

（1）夹角

夹角指靠背与水平面之间的夹角及座面与水平面之间的夹角。一般说来，沙发等软体类座椅的靠背与座面之间的夹角越大，休息的效果越好。好比人们躺着要比坐着时感觉更舒适。随着靠背的倾斜，人体的重心逐渐向靠背转移，人体单位面积上的负荷也随之减小，使人体各部分的关节和肌肉处于松弛状态。如果靠背与水平面之间的夹角大于 110° 时，就必须增加头颈部的支点，以避免颈部产生疲劳。夹角的数据见表 3-1。

表 3-1 夹角参考值

设计参数	靠背与水平面的夹角	座面与水平面的夹角
软椅类	98°~102°	≤3°
扶手椅	98°~102°	≤3°
躺椅	110°~120°	6°~10°
沙发	100°~110°	3°~5°

（2）座高

沙发等软体类座椅的座高取决于人体从足到膝的长度。根据我国人体的平均高度，小腿长度约为 410mm 左右。一般小型的简易沙发，因座面前缘的下沉度小，前缘高度应定为 380mm 左右。有座身垫子的大型沙发比较柔软，前缘下沉度大，座高尺寸宜为 400~440mm。工作时用的座椅由于

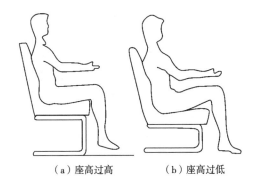

（a）座高过高　　　（b）座高过低

图 3-4　座高

图 3-5　扶手高度

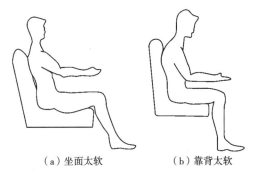

（a）坐面太软　　　（b）靠背太软

图 3-6　柔软度

椅背与座面的夹角较小，落座时大腿不会全部落于座面上，因此，座高一般取 400~440mm。座面的高度应适中，偏高会使人的小腿麻木，偏低又会使压力集中在小腿上而感到不适（图 3-4）。

（3）座宽

座宽是根据人体臀部的尺寸来确定的。人体臀部的平均宽度在 309~319mm 左右。因此，座宽应略大于上述尺寸。为了考虑整个造型的比例，沙发（尤其是大型沙发）的座宽与人体臀部的宽度相差较大，一般大型沙发的前座宽在 520~550mm 左右，以使造型显得美观大方。

（4）座深

座面的前后进深尺寸称为座深。座深应根据人体大腿的平均长度（445mm 左右）来确定。如果沙发座深过大，超过了人的大腿骨的平均长度，人坐在上面，腰部仍然接触不到靠背，也容易使人感到疲劳。过浅又会增加臀部的压力。普通沙发的座深为 500~520mm 左右；大型沙发的座深在 520~550mm 左右，工作椅的座深可在 370~460mm 范围内。

（5）背高

沙发靠背的高度是根据人体的上半身（即从股骨到颈椎）的平均尺度来确定的。人体股骨至颈椎的平均长度在 586mm 左右。此外，背高还应与沙发的其他尺寸相称，一般背高取 850~950mm（离地面垂直高度）为合适。大型沙发的靠背则宜高些。简易沙发的背高若取 930mm 就不美观了。

（6）扶手高度

扶手高度是指扶手上表面至座面的垂直距离。适当的扶手高度，能使人的两肩自然下垂，肘部舒服地搁在扶手上。扶手过高或过低，都容易产生疲劳的感觉。扶手过高，肩部不能自然下垂，容易疲劳；扶手过低，需用力下垂肘部才能接触扶手表面，同样容易疲劳。扶手的高度与座面的下沉度很有关系。沙发扶手的高度应与人的坐骨关节到肘部（自然下垂状态）下端的距离减去座面的下沉高度。根据我国人体资料扶手高度应为 250mm 减去下沉高度。如果座面下沉量为 80mm，那么座前高至扶手上表面的距离即为 170mm。座面下沉大，扶手则低。底面下沉小，扶手则高。工作椅的扶手因考虑到工作方便，应比沙发的扶手高些（图 3-5）。

（7）座面和靠背的柔软度

柔软度是指座面和靠背的软硬程度。沙发做得软一些可以增加舒适感。但是并非越软越好，而是应该软硬适度。过硬，缺乏柔软感；过软，座面下沉度太大，座面和靠背的夹角便会减小而降低了座高，人坐下后重心偏低，使腹部和下肢等肌肉均受到压迫，甚至落座和起立都会觉得困难。据研究，大沙发的座面下沉量为 80~120mm 之间适宜，小沙发面的下沉量为 70mm 左右适宜。

沙发的靠背相应要比座面软些，这是因为靠背的受力比座面的受力小的缘故。人体脊椎的自然形状为"S"形，为了使脊椎与靠背吻合，故靠背要做得柔软些。但也不能过软，过软人体靠上去后弯曲前倾，使胸肌受到压迫，从而感到不适（图 3-6）。选择和采用前面所介绍的原辅材料及工艺要求，即可使座面和靠背的软硬适中。

靠背的柔软度在不同部位有不同的要求，应作不同的处理。由于人的胸椎是向后弯曲的，所以靠背的相应部位应做得软一些，而腰椎是向前弯曲的，所以这一部分又应该处理得硬一些，以便将人的腰部托起来，尽量使人的脊椎处于 S 形的自然状态。所以沙发上部的压缩量应在 30~45mm 之间，而填腰部分的压缩量应小于 35mm 为宜。

（8）座面和靠背的线型

沙发座面和靠背的线型设计，应照顾到舒适和美观。沙发的靠背，主要是支撑人体的背部，而背部的脊椎骨不仅是人体的主要支柱，而且也关系到人体背部的形状和曲线。当人体处于自然状态时，颈椎向前弯曲，胸椎向后弯曲，而腰椎又向前弯曲，形成一种"S"形。只有当沙发靠背曲线符合脊椎形状时，其韧带和肌肉才能够放松，从而得到休息解除疲劳。有些沙发之所以久坐会疲劳，主要是因为靠背是平直的，没有形成曲线，这就不符合脊椎骨自然状态的"S"形曲线。另外，由于座深过大，使得人体只有后背上部能够接触到沙发的靠背，腰部却是空虚的，腰椎被迫向前弯曲，造成腰部韧带和肌肉长时间用力而感到疲劳。为了使沙发和座椅能够具有更好的休息作用，就要将腰部的靠背部分凸出来，或另外配置一个靠垫，以形成"填腰"，增加人体和靠背的接触面积，使人体的脊椎骨能够处于"S"形的自然状态，韧带和肌肉也可以放松，这样便减轻了腰部的疲劳（图 3-7）。

图 3-7　曲线相吻合

因此沙发的靠背可采用"S"形（根据人体脊椎的自然形态），曲线或分段"S"形等线型。这些线型的出发点，主要是使人体脊椎的自然形态与曲线相吻合，使人体背部的下半部分受到支撑和承托，从而起到放松腰部肌肉，消除疲劳的作用，轻便简易沙发的软度低于大型沙发，故轻便简易沙发的背形曲线设计要比大型沙发的背形曲线设计更为重要。

3.2.2　沙发功能尺寸

根据以上人体工程学原则，确定沙发类产品的基本功能尺寸如下：

（1）沙发功能尺寸

标注如图 3-8 所示。

单人沙发功能标注如图 3-8 所示，功能尺寸见表 3-2。双人及多人以上沙发的功能尺寸，除座前宽度根据单人沙发的要求作相应增加外，其他功能尺寸应跟单人沙发相同。圈式沙发、多用沙发、转角沙发以及其他特殊造型沙发的功能尺寸也可参照单人沙发的相应尺寸。

表 3-2　单人沙发的功能尺寸

座前宽 B（mm）	座深 T（mm）	座前高 H_1（mm）	扶手高 H_2（mm）	背长 L（mm）	座斜角 α（°）	背斜角 β（°）
>480	480~600	360~420	<250	>300	3~6	98~112

（2）沙发椅、沙发凳的功能尺寸

目前尚未制定统一标准，可参照椅、凳的功能尺寸。椅、凳的功能尺寸标注如图 3-9 所示。沙发椅的功能尺寸可参照表 3-3 椅子的相应功能尺寸：

沙发凳的座高 H 为 400~440mm，座宽 B 应大于 380mm，座深 T 应大于 280mm。沙发凳的座宽

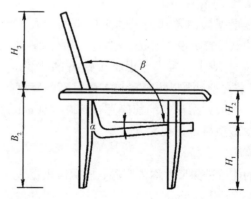

图 3-8　沙发功能尺寸

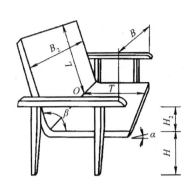 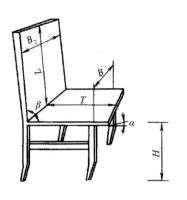 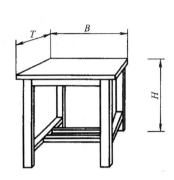

图 3-9 椅、凳功能尺寸

表 3-3 椅子的功能尺寸

设计参数	扶手椅	靠背椅	级差
座高 H(mm)	400~440	400~440	20
座宽 B(mm)	>460	>380	10
座深 T(mm)	400~440	340~420	10
背宽 B_2(mm)	>400	>300	10
背长 L(mm)	>275	>275	10
扶手高 H_2(mm)	200~250		10
背斜角 β(°)	95~100	95~100	1
座斜角 α(°)	1~4	1~4	1

与座深均应适当大于普通凳的宽度与深度。钢琴凳则应更大些，应跟钢琴相匹配。

3.3 沙发外部结构

　　沙发的外部结构是由沙发靠背、沙发座位、沙发扶手以及沙发脚等构成(图 3-10、图 3-11)。

　　(1)沙发靠背

　　沙发靠背是人坐时靠背的地方，也像一道屏风，所以也叫做沙发屏。沙发靠背由沙发靠背架和沙发靠背包两大部分组成，靠背架部分包括：靠背架后、靠背架侧、靠背架顶、靠背架底等；靠背包部分包括：上靠背包、下靠背包、靠背包侧、靠背包中、靠背包顶、靠背包底、靠背包后以及靠背包内等。

　　(2)沙发座位

　　沙发座位，顾名思义，它是人坐的位置。沙发座位分为沙发座架和沙发座包两大部分。座架和座包的结构都差不多，都包括：座前、座后、座侧、座面上和座底等。

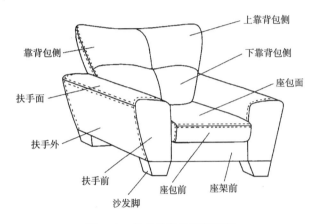

图 3-10 单位沙发的外部结构

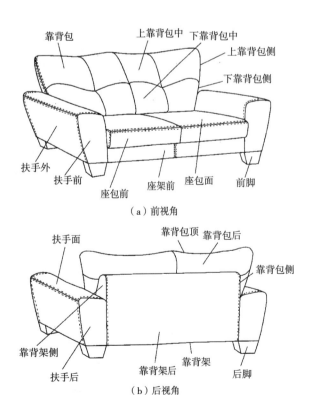

（a）前视角

（b）后视角

图 3-11 双位沙发外部结构

（3）沙发扶手

沙发扶手是人处于坐姿时双手摆放的地方。沙发扶手也分扶手架和扶手包两部分。沙发扶手包括：扶手前、扶手后、扶手外、扶手内以及扶手面等。

（4）沙发脚

沙发脚是用作支撑整张沙发的，使沙发摆放平稳和美观，沙发脚又分沙发前脚和沙发后脚。

3.4 沙发内部结构

如图 3-12、图 3-13 所示，沙发内部是由海绵、木框架等组成。沙发木框架还要按需求铺多层板、底布、绷带和钉弹簧等。有时，沙发用公仔棉代替海绵，以铁架代替木架。

（1）海绵

海绵按照在木架上所处的位置可分为：靠背用海绵、座位用海绵和扶手用海绵等。每个位置所用海绵的密度和厚度都不一样，应按不同位置所受力的不同来确定每个位置海绵的密度和厚度。人坐在沙发上，靠背所受的力比较小，可用低密度、比较柔软或者超软的海绵；扶手位置所受的力比较大，可用中等密度的海绵，软或中软的海绵都可以；沙发座位要承受人的重量，所受的力最大，所以要用高密度、弹性好的海绵，也有用弹簧座垫或者公仔棉。

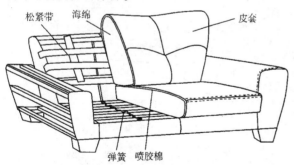

图 3-12 双位沙发内部结构

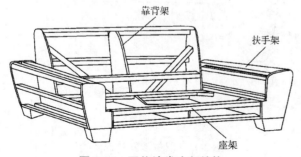

图 3-13 双位沙发木架结构

（2）木架

沙发木架以图 3-13 为例，它是由靠背架、座架和扶手架等组成。靠背架又包括：架顶、架侧和架中等；座架包括：架前、架后、架侧和架中等；扶手架包括：架前、架后、架外、架内、架面和架底等。

3.4.1 框架结构

对于沙发类软体家具（包括沙发椅、沙发凳等），其造型丰富的外表，在很大程度上取决于框架的结构。框架常用的材料有木材、木质复合材料、金属、塑料等。

3.4.1.1 木质框架结构

木框架质量好坏是决定沙发使用寿命的重要因素之一。因此对木框架的要求，除了尺寸准确，结构合理之外，对材质也有一定的要求。

（1）实木框架结构

沙发结构框架在材料的选择上，一直是以实木（杂木）为主，加工直线形零部件可在圆锯机上制得，而加工弯曲件，则需通过锯制弯曲、方材弯曲等工艺制得。

实木框架的工艺要求

a. 外露木框架部分：如实木扶手、腿等，要求光洁平整、需加涂饰，接合处应尽量隐蔽，结构与木质家具相同，采用暗榫接合。

b. 被包覆木框架部分：如底座框架、靠背框架等，可稍微粗糙、无须涂饰，接合处不需隐蔽，但结构须牢固、制作简便，可用圆钉、木螺钉、明榫接合，持钉的木框厚度应不小于 25mm。

木框架的接合常用榫接合、圆钉接合、木螺钉接合、螺栓接合和胶接合等形式。脚是受力集中的地方，它要承受沙发和人体的重量，所以常采用螺栓连接。螺栓规格一般为 10mm，常将圆头的一端放在木框外，拧螺母的一端放在框架内侧，并且两端均须放垫圈。为了使接合平稳、牢固，不管是圆脚还是方脚，与框架的接合面都必须加工成平面。脚在安装之前，可预先将露出框架外的部分进行涂饰，涂饰的颜色要根据准备使用的沙发面料颜色而定，使之相互协调。

座垫框架和靠背框架的连接，因受力较大，一般采用榫接合，并涂胶加固或在框架内侧加钉一块 10~20mm 厚的木板，以增加强度。这部分的接合还可以采用半榫搭接和木螺钉固定。框架板件的厚度一般为 20～30mm，不能太厚，以免增加沙发自重，造成搬动不便，且浪费材料；但也不能小于 20mm，以免影响强度，造成损坏。全包木框架对粗糙度的要求不高，只要刨平即可。

根据软体家具(如沙发、沙发椅、沙发凳等)的种类与造型不同，其木框架的式样也有很多种，如图 3-14 所示为几款沙发实木框架结构，如图 3-15 所示为几款沙发椅实木框架结构。

(2) 实木与人造板结合的框架结构

目前，实木在沙发结构框架中的应用受到越来越多的因素制约，一是我国木材资源有限，以及"天保工程"的实施，其木材原料需要从国外大量进口，而世界各国对生态环境的重视，资源已越来越少；二是现代沙发外观造型的多样性，决定了其框架单个零部件加工和整体结构的复杂性及多变性，对于实木弯曲件的增加，不能适应流水化生产，同时增加生产成本；三是木材本身缺陷无法得到克服。比如：虫蛀不仅会直接影响沙发框架的结构强度，同时还会难以通过海关检查，直接影响产品出口。另外，在沙发企业里对于木

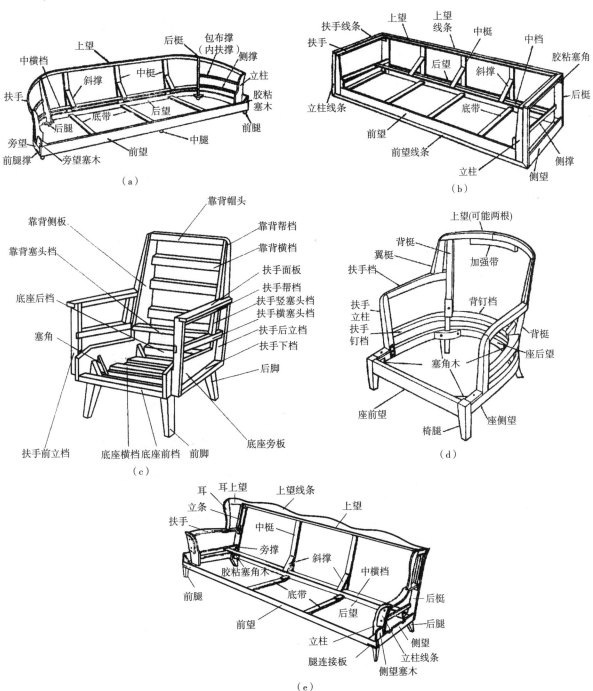

图 3-14 几款沙发实木框架结构

图 3-15 几款沙发椅实木框架结构

图 3-16 实木与人造板结合的框架结构

材含水率的控制是一个比较薄弱的环节，容易出现实木的翘曲变形，直接影响沙发结构框架的稳定性及结构强度。

为了适应这种趋势，人造板材料渐渐在沙发框架制作中得到应用，这主要是由于人造板本身的一些优势所致。目前相对应用比较多的人造板是多层板，如图 3-16 所示沙发靠背的弧形及曲面都是通过多层板表现出来的。

（3）杨木结构人造板框架结构

利用杨木结构人造板（多层胶合板、定向刨花板、单板层积材等）生产的沙发内部结构框架，是针对沙发实木框架受众多因素制约而开发的一种新型木质复合材料结构框架。杨木结构人造板既有实木框架良好的结构强度及稳定性，又克服了实木框架容易出现的翘曲变形、虫眼、节疤等不足。针对目前沙发框架需要更多异型曲面来满足沙发外观造型的需要，利用若干杨木结构人造板曲(直)边组合成形的独特优势，不仅可以节省木材资源、降低成本，同时可以简化加工工艺，加速生产流水化，突出造型特征。

如图 3-17 所示是杨木结构人造板生产的休闲沙发结构框架，其结构框架组装的形式为：座框上下层由若干一定曲边的杨木结构人造板制作的底框下层板和底框上层板拼接而成，接口呈梯口形，用枪钉固定，上下两层人造板之间用若干座框立柱板固定，每块立柱板依次错开，紧贴座框上下两层杨木

结构人造板制作的底框下层板和底框上层板的内外边；背框由若干靠背横档板、靠背顶板及靠背立柱板组成，并用枪钉固定，其零部件曲边形状取决于沙发造型的需要；扶手框架由若干扶手顶板、扶手立柱板及扶手横档板、扶手手前板组成。

3.4.1.2 金属框架结构

金属框架的沙发，是以金属的管材、板材、线材或型材等为结构材料，同时与人接触部位配以软垫等。以金属为框架材料，具有强度高、弹性好、富韧性的优点；可进行焊、锻、铸等加工，可任意弯成不同形状，能营造出沙发曲直结合、刚柔并济、纤巧轻盈、简洁明快的各种造型风格。如图 3-18 所示。

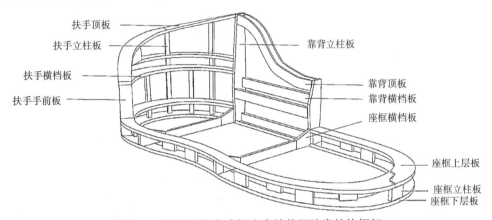

图 3-17　杨木结构人造板生产的休闲沙发结构框架

图 3-18　金属框架结构

（1）框架结构形式

对于金属框架，其结构可以有固定式、拆装式、折叠式等。

固定式　通过焊接或铆接将零部件接合在一起。这种结构受力及稳定性较好，有利于造型设计，但同时也为表面处理带来了不便。固定式框架结构的不足是占用空间大，不利于运输。

拆装式　产品部件之间用螺栓、螺母连接，或者部件利用金属管材制作，以大管套小管，用螺钉连接固定。拆装式框架结构的零部件可在电镀后连接，便于运输。

折叠式　可分为折动式与叠积式。折动式是运用连杆机构的原理，以铆钉连接为主，把产品的各杆件连接起来。叠积式则兼具固定、折叠式框架的长处，除具有外形美观、牢固度高的优点外，还可充分利用空间，便于运输。

（2）连接形式

在金属框架中，金属构件之间或金属构件与非金属构件之间的接合通常采用焊接、铆接、螺纹连接及销接4种方法。

焊接　焊接是利用金属材料在高温下易熔化的特性，使金属与金属发生相互连接的一种工艺，多应用于固定式结构。钢结构常用的焊接方法有电弧焊、电渣焊、气体保护焊和电阻焊等，焊缝连接形式按构件的相对位置可分为平接、搭接、T形连接和角接4种。焊接结构牢固性及稳定性好。

铆接　不需要高温熔化，只需要钻枪、铆钉即可使金属物与金属物之间连接一体的工艺，主要用于折叠结构或不宜焊接的固定结构。这种连接方式可先将零件进行表面处理后再装配，运输方便。

螺栓连接　螺纹紧固件既可作固定结构的连接，又可应用于拆装连接，螺栓在构件上的排列可以是并列或错列，紧固件需要加防松装置。

销接　销钉也是一种通用的连接件，常应用于拆装式结构，起定位和辅助连接作用。

3.4.1.3　塑料框架结构

塑料以其鲜艳的颜色、新颖的造型、轻便实用的特点，在沙发框架结构中得到淋漓尽致的应用，如图3-19所示。塑料框架通常经过模塑成型而成，塑料成型就是将不同形态（粉状、粒状、溶液或者分散体）的塑料原料按不同方式制成所需形状的坯体。塑料的成型工艺有很多种，包括注射成型、挤出成型、压延成型、吹塑成型、压制成型、滚塑成型、铸塑成型、搪塑成型、醮涂成型、流延成型、传递模塑成型、反应注塑成型、手糊成型、缠绕成型、喷射成型。以下几种是在家具中使用较多的成型工艺。

（1）注射成型

能一次成型出外形复杂、尺寸精确和带嵌件的制品；只需要设计优良的模具，就可以很方便地成批生产出尺寸、形状、性能完全相同的产品。注射成型生产性能好，成型周期短，还可以实行自动化或半自动化作业，具有较高的生产效率和技术经济效益。注射成型在家具设计中运用较多，各种一次注射成型的家具不断涌现。

（2）挤出成型

适合于一部分流动性较好的热固性塑料和增强塑料的成型。挤出成型是塑料加工中应用最早、用途最广、适用性最强的成型方法，它也是通过

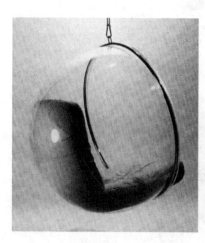

图 3-19　塑料框架结构

模具进行加工生产。挤出成型加工的塑料制品主要是连续的型材制品，如薄膜、管、板、片、棒、单丝、扁带、网、复合材料、中空容器、电线被覆及异型材料等。

（3）压制成型

主要用于热固性塑料制品的生产，分为模压成型和层压成型。模压成型是利用上下模具压制原料塑化流动发生化学反应而固化成型。层压成型是将渗渍过树脂的片状材料叠合至所需的厚度后放入层压机中，在一定的温度和压力下使之黏合固化成层状制品。层压成型多用于生产增强塑料板材、管材、棒材和胶合板等。

（4）吹塑成型

用于制造塑料中空制品，如瓶子、包装箱、油箱、玩具等。其中也有一些使用在制造家具的零件上。

（5）铸塑成型

又称浇铸成型。是将加有固化剂和其他助剂的液态树脂混合物倒入成型模具中，在一定条件下使其逐渐固化而成为具有一定形状的制品。适用于流动性大而又有收缩性的塑料，如有机玻璃、尼龙、聚氨酯等热塑性塑料和酚醛树脂、不饱和聚酯、环氧树脂等热固性塑料成型制品。

3.4.1.4　竹（藤）框架结构

用竹（藤）材料做沙发的框架，既保持了竹（藤）特有的质感和性能，又克服了易干裂变形的不足，同时还考虑到现实的需求观念，如图 3-20 所示。竹子本身就是极好的速生资源，是一种优质的木材代用品，而且在制作过程中不像木制家具那样使用大量富含甲醛的胶黏剂，对人体健康

极为有益。竹材其顺纹抗拉强度、抗压强度是樱桃木的 2.5 倍。其加工方式是先将原竹去皮后切割成宽度为 3~4cm 的竹条，然后经过特殊工艺高压上胶制成大型板材，全过程要经过 30 多道工艺。经过处理的板材不会开裂、变形和脱胶。而且具有防湿、防蛀等优点，各种物理性能相当于中高档硬杂木。以此类竹材做出的沙发框架既漂亮、清雅，又实用、耐用。目前的藤制沙发已不同于以前那种老气横秋的造型，有的家具呈典型的欧美西式风格，有的又极富民族特色和东方情调。藤制家具不仅造型新颖，而且做工也极为精细讲究，外观颜色朴实、亲切、质感强。现在市场上的藤制家具种类也由简入繁，如藤床、藤桌、藤椅、藤沙发、藤书架、藤屏风，还有各种藤编的饰品，如花架、果篮、吊篮等，琳琅满目。无论竹或是藤制家具，如今已在国内不少大城市，如上海、广州、天津、北京、青岛、重庆、深圳越来越盛行，而且也受到欧美、日本等国家的欢迎。

在实际生产过程中，沙发框架结构的种类及造型很多。在很多情况下沙发的框架结构并不是由某一种单纯的材料所组成，而是几种材料的结合，如金属与塑料；金属与竹藤、木材与人造板等。

3.4.1.5　功能沙发框架结构

功能沙发主要指的是除了具有普通沙发功能以外，还具有休闲躺椅等功能。其框架结构通常是在普通沙发框架结构的基础上，在沙发底部安装一个能实现功能化的铁架，如图 3-21 所示。

（a）藤框架单人沙发　　　　　　　　　　（b）藤框架组合沙发

图 3-20　竹（藤）框架结构

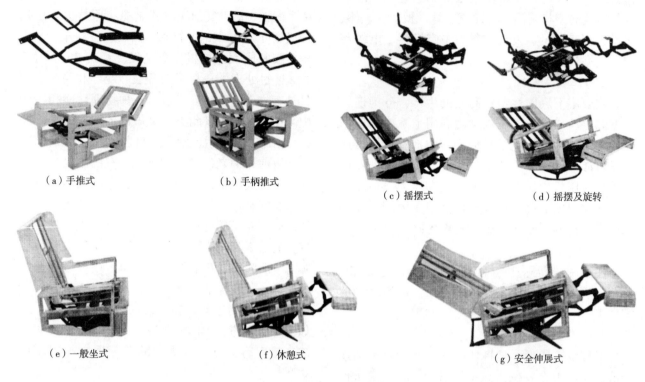

（a）手推式 （b）手柄推式 （c）摇摆式 （d）摇摆及旋转

（e）一般坐式 （f）休憩式 （g）安全伸展式

图 3-21　功能沙发框架结构

3.4.2　软层结构

沙发的软层结构是构成沙发的重要组成部分，起重要的弹性和缓冲作用。根据是否可活动，分为固定式和活动软层（垫）结构。

3.4.2.1　固定式软层结构种类

按软体厚薄不同，固定式软层结构有薄型软层结构和厚型软层结构两种。

薄型软层结构又称半软体结构，一般采用藤编、绳编、布、皮革、塑料编织、棕绷面等制成，也有采用薄型海绵与面料制作。这些半软体材料有的直接编织在座椅框上，有的缝挂在座椅框上，有的单独编织在木框上后再嵌入座椅框内，如图3-22 所示。

厚型软层结构有两种结构形式，第一种是传统的弹簧结构，利用弹簧作软体材料，然后在弹簧上包覆棕丝、棉花、海绵和装饰面料；第二种是现代软层结构，利用海绵（或乳胶海绵）与面料构成。包括整体式软包、嵌入式软包和直接式软垫等种类。整体式软包与弹簧结构相同，只是以厚海绵等代替弹簧；嵌入式软包是在支架（或底板）上用厚海绵等蒙面（或绷带）而成的底胎软垫，可以固定在坐具框架上用螺钉或连接件与框架做成拆卸结构；直接式软包是由厚海绵等与面料直接构成的活动软垫，一般与坐具框架做成分体式，使用坐具时可用或不用活动软垫。

按构成弹性主体材料的不同，固定式软层结构可分为螺旋弹簧、蛇簧和泡沫塑料 3 类。

螺旋弹簧弹性最佳，坐感舒适，材料工时消耗较多，造价较高，主要用于高级软体家具。

蛇簧弹性欠佳，坐感较舒适，材料工时消耗与造价比螺旋弹簧低，常用于中档软体家具。

泡沫塑料弹性与舒适性均不如螺旋弹簧和蛇簧，但省工、省料、造价低，一般用于简易的软体家具、软垫及单纯装饰性包覆。

3.4.2.2　活动软垫结构

沙发的活动软垫结构在这里主要指的是可以活动的座垫及靠垫。有两种结构形式：一种是带弹簧的填充活动软垫；另一种是无弹簧的填充活动软垫。

带弹簧的填充活动软垫，主要采用袋包弹簧为主要弹性材料，外包海绵或其他填料，最后在外面套皮革或布料的面料。其结构形式如图 3-23 所示袋包弹簧与海绵的组合，图 3-24 为袋包弹簧与填料的组合。

（a）由藤条编织构成的软体结构沙发椅

（b）由薄型海绵与面料构成软体结构椅子

图 3-22 薄型软体结构

（a）袋包弹簧放入软垫夹层中

（b）做好的软垫芯子，外包一层薄公仔棉

图 3-23 袋包弹簧与海绵的组合

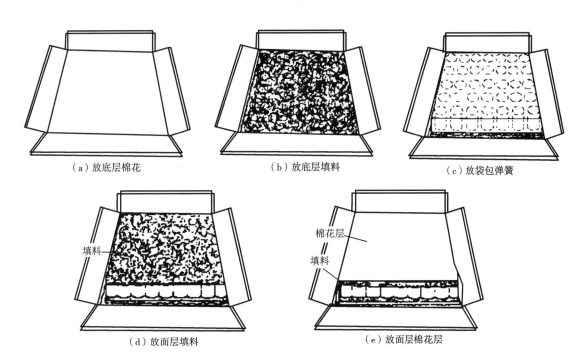
（a）放底层棉花   （b）放底层填料   （c）放袋包弹簧

（d）放面层填料   （e）放面层棉花层

图 3-24 袋包弹簧与填料的组合

无弹簧的填充活动软垫,其填充材料比较多,有棉花、公仔绵、碎海绵、羽绒棉等,其结构形式如图 3-25 所示。另有用多层海绵粘贴而成型的。同时也有用乳胶海绵,通过异型加工切割而成的。

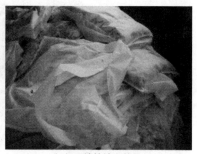

(a)往五纺布袋内装公仔棉　　　　　　(b)内芯为公仔棉的海绵软垫　　　　　　(c)羽绒棉填充软垫

图 3-25　无弹簧的填充活动软垫

复习思考题

1. 沙发的结构与造型是什么关系?沙发结构设计的要点有哪些?
2. 沙发的人体工程学原则包括哪些方面?
3. 沙发的功能尺寸主要包括哪些?
4. 沙发的外部结构由哪几部分构成?
5. 沙发内结构框架的种类及其特点是什么?
6. 沙发软体结构的种类有哪些?沙发活动软垫结构形式有哪些?

第 **4** 章
沙发制作工艺

【本章重点】
1. 沙发制作工艺流程。
2. 沙发木质框架制作工艺。
3. 沙发绷带的钉制工艺。
4. 沙发弹簧固定工艺。
5. 沙发海绵切割及其粘贴工艺。
6. 沙发蒙面工艺。
7. 沙发软垫的制作工艺。

不同类型的沙发，有不同的框架结构，其制作材料和工艺也不尽相同。我国目前使用最广泛的沙发是以木质材料为框架结构的沙发。典型的木质框架沙发制作工艺流程如下：

材料准备→木质框架制作(选料、配料、下料、刨料、组框、异型打磨等)→钉绷带→固定弹簧→底层麻布缝接与钉接→粘贴海绵(外层贴丝绵)→蒙面(排料、裁剪、缝纫、包蒙、装饰等)→钉底布及装脚→成品包装入库。

本章重点介绍以木质材料为框架弹簧及海绵等为主要弹性材料的包木沙发生产工艺。

4.1　木质框架的制作

沙发木质框架的制作要经过选料、配料、下料、刨料加工、组框、打磨等一系列工艺加工。只有按照这些工艺规定，进行严格的技术加工，才能保证框架制作质量，达到设计和使用要求。

4.1.1　框架材料的准备

（1）选料

选料是一个重要环节。根据沙发的设计标准所挑选的木质材料其规格、质量是否合乎要求，直接关系到整个框架的优劣。选料时应防止"大材小用"，尽量做到充分利用和节约原材料。特别是对于直接外露部位的实木材料，应选择质地较好、木纹美观的材料，有节疤、虫眼的木料应安排在包覆的部位上；受力较大的部件，需挑选木质坚硬、弹性较好、容许应力较大的木料；弯曲的沙发腿，尽量顺其自然，采用弯曲木材、顺应弯曲锯取，既省料又确保强度。木质复合材料的选择，要保证材料具有足够的强度与握钉力。

（2）配料

配料时应从选料实际情况出发，合理搭配，"量体裁衣"，先选配框架中较长、较大和主要部件的材料，再选配较短、较小和次要部件的材料。锯截时，适当放大一些尺寸，留有一定的加工余量，不宜搞一次性净截。一般情况下，部件长度加工余量应按设计尺寸放长 10mm 左右，宽度和厚度的加工余量应按实际要求放宽、放厚 5mm 左右。然后，把加工好的内框架材料通过钉接组装成框架，有些部位还要进行封板，以利于下道工序如贴海绵工序的加工。最后再对框架进行打磨。很多沙发生产厂为了节约成本，提高生产效率，认为沙发内框架不外露，消费者看不到，有意减少打磨工序。如果是一件高档、优质的沙发家具，内框架必须打磨，不能因为内框架不可见就偷工减料。

（3）下料

实木部件的下料，如果部件形状是直线形的，可在圆锯机上加工制得，工艺比较简单；如果部件是弯曲件，没有合适的弯曲木材，则可采用锯制弯曲、方材弯曲或胶合弯曲的方法制作。

锯制弯曲　是用细木工带锯或线锯将板方材通过划线后锯割成曲线形的毛料，再经锯制而成零部件的方法。锯制弯曲工艺简单，不需要专门的生产设备，用细木工带锯机加工即可。但木材利用率低，木材的纤维被切断，制成的零部件强度降低，纤维端头暴露在外面，铣削质量和装饰质量比较差。

方材弯曲　是将实木方材软化处理后，在弯曲力矩的作用下弯曲成所要求的曲线形，并使其干燥定型的过程。方材弯曲部件表面保持了木材原有纹理，但需预先进行软化处理，常因选材或工艺条件控制不当造成弯曲毛料的破坏，而且回弹现象比较明显。

胶合弯曲　是将叠涂过胶的单板按要求配成一定厚度的板坯，然后放在特定的模具中加压弯曲、胶合成型制成各种曲线形零件的加工过程。胶合弯曲的芯层材料等级低于面层材料，可以制成形状复杂的曲线形零件，也可以进行多向弯曲，形状稳定性比较好，生产工艺相对简单，操作容易。

人造板的下料主要根据打样模板进行画线，然后利用带锯机等设备进行曲线下料，以满足沙发造型的需要。

在现代沙发生产中，人造板材料应用越来越多。主要原因是人造板的众多优点从很大程度上弥补了实木的不足。同时，人造板更有利于沙发框架造型的实现。为了合理利用人造板，通常需要先画线，再下料开板。

（4）刨料加工

框架材料大部分是长方形木料，刨削前应先查看木纹方向，顺木纹方向刨削。如果出现崩茬现象，多数由于刨刀不快、刨刀外露部分不均匀等原因，应及时加以校正。在刨削加工中的净光木料，相邻的两边应呈 90°。用卡方尺（也称拐尺）卡量两端和中间三个部位，看其是否方正，刨去不方正部分，直到整个部件光洁、平整、通直为止。

框架材料刨光后，有些外框架需要加工出一些成型槽，一般在镂铣机上加工。有的还需要雕刻，可用模具在镂铣机或雕花机上加工，也可以由人工加工。需要榫结合的地方要进行榫头加工。一般榫头可用出榫机加工，榫眼可以由榫眼机加工。

4.1.2　钉架组框

4.1.2.1　木质复合材料与实木相结合的沙发内结构框架

沙发内结构框架制作目前比较常用的是木质复合材料与实木相结合的方式。木质复合材料主要起造型的作用，而实木材料主要起稳定结构强度的作用。沙发内结构框架主要由 3 部分所组成，即靠背框架、底座框架及扶手框架。这 3 部分在制作过程中，可以是整体式或分体式，采用哪种方式，主要取决于沙发的款式、厂家的生产经营模式、打样师傅的思维、客户的要求等。

下面以一款美式分体沙发内结构框架为例进行说明。如图 4-1 所示，在沙发内结构框架中，扶手框架与靠背框架及底座框架相分离，木质复合材料选用的是多层板，厚度通常取 9~18mm，实木材料选用的是松木。接合方式选用的是枪钉相连。

（1）靠背内结构框架

靠背内结构框架主要由靠背上望板 A、靠背侧立板 C、靠背前后耳板 B 等多层板和靠背前后横档 1、靠背中撑 2、靠背斜撑 3、靠背纵撑 4 等实木条所组成。

靠背上望板　通常是沙发靠背顶部造型的主要依据。将两块形状一样的曲边多层板，厚度一般为 9~18mm，中间用短实木条将其用枪钉固定连接，而实木条的长度通常是根据靠背顶部厚度的需要来决定。靠背顶板的曲边形状取决于沙发顶部造型需要。

靠背侧立板　是沙发靠背侧面造型、连接靠背上望板和底座框架等的重要结构件。其形状根据靠背侧面的形状而定，通过靠背侧立板的曲直边来体现，厚度一般为 9~18mm。图 4-2 是靠背上望板与侧立板的组合。

靠背前后耳板　是组成耳框的重要组成部分，对沙发靠背造型起重要作用，连接在靠背上望板和靠背侧板上。一个靠背耳框通常由靠背前耳板和靠背后耳板组成，中间用实木条通过枪钉连接。

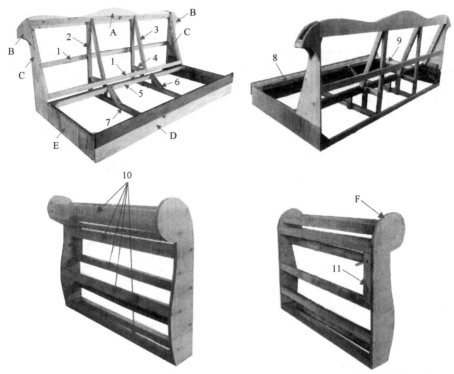

A.靠背上望板　B.靠背前后耳板　C.靠背侧立板　D.座前望板　E.座侧望板　F.扶手前后立柱板
1.靠背横档　2.靠背中撑　3.靠背斜撑　4.靠背纵撑　5.座后横档　6.座斜撑　7.座纵档
8.座前横档　9.座侧纵档　10.扶手横档　11.扶手立档

图4-1　美式分体沙发内结构框架

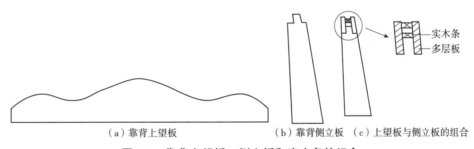

（a）靠背上望板　　　（b）靠背侧立板　（c）上望板与侧立板的组合

图4-2　靠背上望板、侧立板和实木条的组合

在组装时，靠背前耳板和靠背后耳板要与靠背侧板的两边缘分别对齐。图4-3是靠背耳框与靠背的组合。

靠背前后横档　是在水平方向连接两块靠背侧板，增加靠背结构强度与稳定性，实木方材的截面尺寸一般取 20mm×30mm 或 30mm×40mm，长度根据沙发的长度而定。靠背后横档主要用来组成靠背框架，增强结构强度，而靠背前下横档在增强框架结构强度的同时固定蛇簧端部。

靠背中撑　主要使靠背框架在垂直方向上起到连接与支撑作用，实木方材的截面尺寸一般取 20mm×30mm，长度根据靠背不同连接部位高度而定。

靠背斜撑　对于靠背框架的稳定性起着决定性的作用，同时要求与两块靠背侧立板的斜边平行。两端固定于靠背上望板与靠背前下横档上。

靠背纵撑　主要用于加固靠背，连接于靠背中撑与靠背斜撑之上。

（2）座框内结构框架

座框内结构框架主要由座前望板 D、座侧望板 E、座后横档 5、座斜撑 6、座纵档 7、座前横档 8 和座侧纵档等所组成，在其三个空心部位分别放置一定数量的独立弹簧。

座侧望板　两端分别连接于靠背侧立板与座前望板上，要求与座前望板的端部分别对齐。

座前望板　两端分别连接于座侧望板，连接

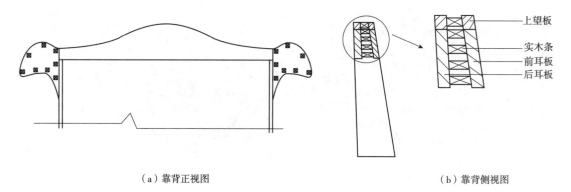

（a）靠背正视图　　　　　　　　　　（b）靠背侧视图

图 4-3　靠背耳框与靠背的组合

部位用三角木塞加固。

座后横档　两端分别连接于座侧望板，距座侧望板上边部 5~10mm，同时在中部用座斜撑加固。

座斜撑　两端分别连接于座后横档与座纵档，对座框的稳定性及牢固性起重要作用。

座纵档　连接于沙发座框的底部，同时其一端延伸至靠背底部，与靠背中撑和靠背横档的接口处固定，另一端固定在座前横档上。

座前横档　固定在座前望板的内侧，通常设置上下两根，用来增强座前望板的强度与稳定性，上面一根座前横档的上表面与座后横档的上表面平齐。

座侧纵档　分别固定于两块座侧望板的内侧，各有上下两根，其要求与座前横档一样。

（3）扶手内结构框架

扶手内结构框架主要由扶手前后立柱板 F、扶手横档 10 及扶手立档等所组成。

扶手前后立柱板　确定沙发整体的扶手结构形状。通常选用厚度为 18mm 的多层板，式样特殊（如弯形）的前立柱板用料可厚些。其形式如图 4-4 所示。

扶手横档　根据需要钉于扶手前后立柱板的边缘，距边缘 5~10mm。

扶手立档　位于扶手后立柱板的内侧，固定于两根扶手横档之间，用于沙发扶手框架与靠背框架的连接，通常在扶手立档上钻上圆孔，用螺栓连接于靠背框架。

图 4-1 所示的沙发内结构框架，其接合形式是用枪钉钉架的。在操作过程中，打枪钉要准，以免出现钉暴木料。同时，接口处需用木塞加固，木塞需要涂胶。为了保证沙发内结构框架尺寸一致性及符合设计要求，需要在装钉过程中经常测量内结构框架各部位的尺寸。

4.1.2.2　实木沙发框架

实木沙发的框架结构是由若干零件按不同形式与一定的接合方式装配而成的，如图 4-5 所示为整体式包木沙发框架，其接合形式与图 4-1 所示的美式分体沙发框架接合形式有较大的区别。

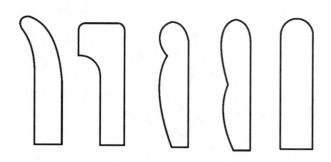

图 4-4　扶手前后立柱板

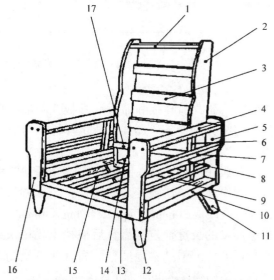

1.靠背上横档　2.靠背侧立柱　3.靠背中横档　4.扶手上档
5.扶手后立柱　6.扶手立档　7.外扶手上贴档　8.外扶手下贴档
9.扶手下档　10.座侧档　11.后脚　12.前脚　13.座前档　14.座后档
15.座弹簧固定档　16.扶手前立柱　17.靠背下横档

图 4-5　整体式包木沙发框架结构

整体式包木沙发框架接合方式有榫接合、木螺钉及圆钉接合。在榫接合中，多采用明榫接合。一般主要受力部件要求采用榫结构，而其他部位大多采用木螺钉和圆钉接合。

下面以整体式包木沙发框架为例进行钉架组框的说明。

（1）靠背上横档

靠背上横档主要是起枕靠和放软体材料用，能使沙发上端部位平直、柔软。一般低于靠背侧立板20~30mm，厚度一般取20~30mm。宽度要根据靠背侧立柱上端的宽度而定。有弧度的沙发靠背，靠背上横档也应有弧度。

（2）靠背侧立柱

靠背侧立柱的形状要根据靠背侧面的形状而定，如枕背、薄刀背、弯背等。它的作用是使靠背侧面成形。侧立柱厚度一般为20~25mm，宽度根据背后侧面形状而定。顶端到扶手处应做倒角，以便包制时用钉加固，图4-6为沙发靠背结构举例。

（3）靠背中横档

靠背中横档用来组装靠背及支承固定弹簧、海绵等，其木板厚度一般取20~25mm，通常在靠背侧立柱后面缩进5~10mm。

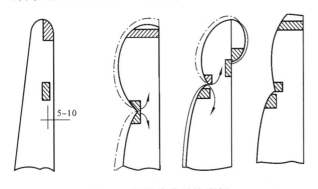

图4-6　沙发靠背结构举例

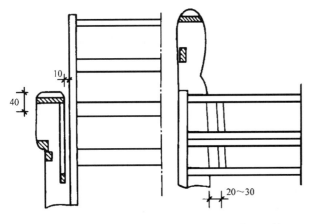

图4-7　扶手后立柱结构　　**图4-8　扶手立档**

（4）扶手上档

扶手上档主要用来放置泡沫塑料或弹簧，以使包制好的扶手饱满、柔软。一般沙发的扶手上档厚度为20~25mm，宽度按扶手立柱宽度配制。如果扶手上档上面放泡沫塑料，需比扶手立柱低20mm左右；如果上面放盘簧，则比扶手立柱低50~60mm。

（5）扶手后立柱

扶手后立柱式样是根据扶手形状而定的，它起扶手成形作用（图4-7）。但扶手后立柱里侧（与靠背侧立柱相接处）都要求开10mm×40mm的缺口，以便给扶手包布。

（6）扶手立档

扶手立档置于扶手上档与扶手下横档之中，并与扶手上档和扶手下档的里边平齐，而且比靠背侧立柱往前20~30mm（图4-8）。它在沙发扶手包制时起绷紧麻布、面料、着钉等作用，所以又叫钉布档。其规格一般为20mm×30mm。

（7）外扶手上贴档

外扶手上贴档起拱面成形的作用，以保证扶手的结构，一般取30mm左右的木材，长短与扶手板相同。

（8）外扶手下贴档

外扶手下贴档供里、外扶手面料钉钉之用，一般取20~30mm的木方，长短与外扶手上贴档同（图4-9）。

（9）扶手下横档

扶手下横档的作用是使麻布与面料绷紧，并承受钉接合（图4-10）。它必须与扶手前立柱板里档平齐，与扶手后立柱边相距10mm。扶手下横档的装配高度，应比包好的座身高度低50~70mm。用料一般取25~30mm的木方，其长短与扶手板相等。

（10）沙发座框

沙发座框由座旁望板和前后望板组成，有时与沙发脚连成一个整体。座框如采用弹簧固定板结构，则应与座框一起组装，如为绷带结构，则座框仅为一空心框架。沙发底座结构一般分为以下4类（图4-11）：

全软边底座　沙发底座用弹簧作主弹材料，前边和左右两边都用盘簧与弹簧边钢丝支承。底座和边框是全软的，可以回弹。

半软边底座　沙发底座前边的边框由盘簧和边钢丝支承，这种沙发坐上去很柔软。使用盘簧做底座的软边沙发多采用这种结构。

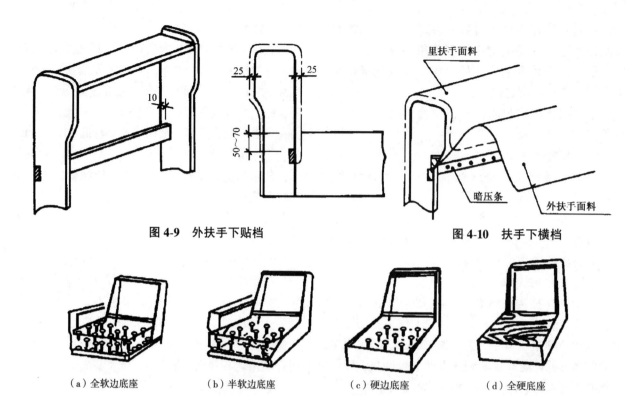

图 4-9　外扶手下贴档　　　　　　　图 4-10　扶手下横档

（a）全软边底座　　　（b）半软边底座　　　（c）硬边底座　　　（d）全硬底座

图 4-11　沙发底座结构类型

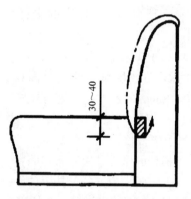

图 4-12　三人沙发靠背下横档

硬边底座　底座的边框全部用木板围成，在底座中间加盘簧或蛇簧，这样的底座边框全是硬边。

全硬底座　这种沙发的底座不用弹簧，在边框上加盖一块木板，板上包蒙一层泡沫塑料或其他填料，也可做一活软垫搁放在底座上。这种沙发工艺简单。

（11）沙发脚

沙发脚的形式很多，有的直接用榫结构形式接合在沙发底座框上；有的以支架形式用木螺钉紧固在沙发底座框上；有的用脚轮固定在沙发底座框上。一般木脚用料直径或边长以 50mm 左右为宜。

（12）座弹簧固定档

座弹簧固定档用于安装弹簧，一般选用 25mm×50mm 的木料。底座弹簧固定档因受力较大，故应选无节疤的木材。底座弹簧固定档可用榫结构形式与底座框接合，也可在底座框上贴条，将底座弹簧固定档钉固在贴条上。

（13）扶手前立柱

扶手前立柱与扶手后立柱一样，是确定沙发扶手结构的零件。厚度一般为 20～30mm，式样特殊（如弯形）的前柱头用料可厚些。一般扶手前柱头的宽度应比包好的扶手宽度窄 50～60mm，并在棱角线上倒棱。其形式如图 4-4 所示。

（14）靠背下横档

靠背下横档的作用是使麻布和面料绷紧时承受钉接合。一般单人沙发用料 25～30mm，三人沙发用料应加大。靠背塞头横档的安装高度应比包好的座高低 30～40mm，如图 4-12 所示。靠背下横档应与靠背上横档一致，如靠背为圆弧形的沙发，靠背上横档有弧度，则靠背下横档也应有与之相应的弧度。

4.2　绷带钉制工艺

当座框和靠背等采用绷带结构时，常采用绷带的种类有麻织绷带、棉织绷带、橡胶绷带、塑料绷带、铁皮条等。不同的绷带其钉制工艺不同。

塑料绷带是一种装饰性绷带，多采用编钉形式与座框结合，编钉方式与通常的藤编方式相同。

橡胶绷带弹性大，但不耐用，钉制方法如图4-13所示。图4-13（a）是在座框上开一沟槽，其深度应足以放入橡胶绷带和一根窄木条。然后用螺钉将绷带锁紧，这种方式适于沙发座框较厚的情况。图4-13（b）是利用专制的金属卡板将绷带穿过卡板下的缝插进去，然后连同金属卡板一块固定在座框上。图4-13（c）是在座框宽度上开一透槽，将橡胶绷带从透槽中穿过用骑马钉反钉在座框下面。

钢制绷带（铁腰子）安装时通常用钉固定在座框旁板上。固定时用钢制绷带拉紧器张紧钢绷带。

棉织绷带强度较低，一般用于扶手或靠背，而不用于底座。而麻织绷带强度较高，弹性较好，是底座常用的绷带，一般用钢圆钉或特制的绷带钉固定。

铁制绷带通常固定于沙发座框纵横档下面，比较适合用于螺旋弹簧的支承。在座框背后用铁皮条交叉呈"井"字形，这不但要铁皮条之间交叉，同时与弹簧的底圈也要交叉，并用钉子把铁皮条固定于纵横档上（图4-14）。

4.2.1 钉制底座绷带

软椅、沙发类软体家具底座基本形状有方形、梯形、圆形等。底座由4个边组成（即前望板、后望板和侧望板）。需钉绷带的底座可分软垫底座（绷带上面铺放海绵为主）和弹簧底座两类（图4-15、图4-16）。一般软垫底座的绷带钉在座框望板的上面，而弹簧底座的绷带钉在座框望板的下面。在固定绷带钉的种类选择上，比较传统的加工方式是用普通的钢圆钉或特制的绷带钉将绷带钉到座前望板上，绷带钉的钉杆上有倒刺，能抓住木材，比钢圆钉固定强度高。而在现代的生产加工企业中，应用最多的是用枪钉加以固定（图4-17）。

钉制底座绷带具体操作步骤为：

①绷带要先用枪钉或圆钉固定在前望板上，从中间向两边钉起，钉绷带时留出30~40mm的折头倒折回来，再加钉以加强绷带钉制的牢固度。图4-16是钢圆钉在座前望板上钉绷带。

②将前望板固定好的绷带拉向后望板拉紧，拉紧的方式有手工拉紧、紧带器拉紧（图4-18）、松紧带自动张紧机拉紧（图4-19）等。手工拉紧方式生产方式比较传统，其张紧力的大小不好控制，容易造成每条松紧带的张力大小不一致。而松紧带自动张紧机能避免上述缺陷，可以使每条松紧带的张力保持一致。

③将绷带拽紧后加钉固定，同时留30~40mm的绷带折头，剪断，将折头倒折回来再钉。绷带的张紧程度以用手下压有弹性为宜，如绷带拽得太紧，钉子

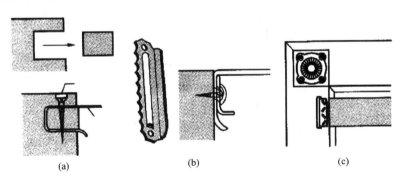

（a）　　　　（b）　　　　（c）

图4-13　橡胶绷带钉制方法

图4-14　铁制绷带的固定

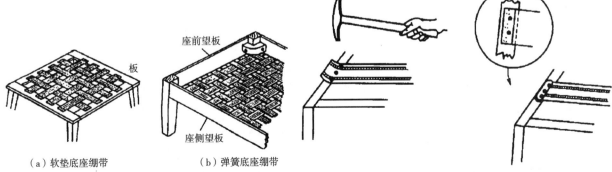

（a）软垫底座绷带　　　（b）弹簧底座绷带

图4-15　钉绷带底座结构类型

图4-16　钢圆钉在前望板上钉绷带

图 4-17 枪钉固定绷带

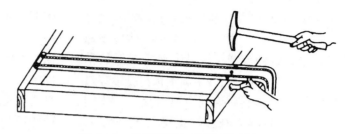

图 4-18 将绷带拉向后望板上加钉

图 4-19 松紧带自动张紧机

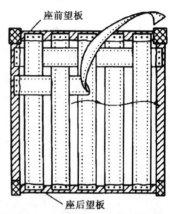

图 4-20 纵横绷带相互穿叉交错

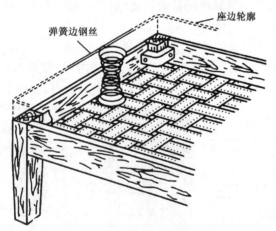

图 4-21 弹簧边钢丝结构的底座

图 4-22 钉制平面靠背绷带

可能被拽松或在长期受力下降低绷带强度。

④用相同步骤将其余绷带钉到前望板与后望板上，每根绷带都要求保持挺直、间隔均匀。绷带与绷带之间的间隔为 15~40mm。

⑤用相同方法钉制旁望板之间的绷带，但纵横绷带须互相穿插交错呈"井"字形，以提高强度和重量分布的均匀性（图 4-20）。如底座采用的是弹簧边钢丝结构，则前边绷带应尽量靠近座框前望板边缘，以增强对边弹簧的支承（图 4-21）。

4.2.2　钉制靠背绷带

由于靠背绷带对强度要求较低，可使用强度较低的麻织绷带或普通棉织绷带，目前生产企业使用的绷带以松紧带为主。另外，由于背框形状的多样性，在钉制绷带时通常直接用手拽紧比较多。钉制靠背绷带的工艺步骤与钉制底座绷带工艺步骤基本相同，但应注意下面几点：

①当靠背基本是平面时，松紧带纵横交叉呈"井"字形排列。但由于其受力相对于座框较小，松紧带分布可以稍疏点（图 4-22）。

②当靠背特别弯肘（如圈椅靠背）时，要尽量避免使用水平绷带，因为水平绷带会使靠背变形走样（图 4-23）。非弹簧结构的平背，当靠背特别高时，也可使用 1~2 根水平绷带，以增强靠背的强度。

③当靠背为盘簧结构时，则必须采用纵横交错的绷带，才能满足支撑弹簧的强度要求。

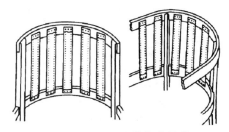

图 4-23 钉制圈椅靠背绷带

4.2.3 钉制扶手绷带

钉制扶手绷带,主要是形成一个支撑填料和包布层的基底,以完成扶手的包垫。扶手绷带一律钉在扶手内侧。由于扶手绷带对强度要求不高,所以一般采用棉织绷带,也可用一整块麻布或棉布代替多根绷带。在钉制扶手绷带时同样用手搂紧绷带即可,扶手绷带可垂直安装或水平安装(图4-24)。

4.3 弹簧固定工艺

4.3.1 螺旋弹簧的固定和绑扎

(1)螺旋弹簧的传统固定工艺

在固定盘簧前,首先要安排盘簧的排列形式和数量。采用盘簧制作沙发底座,凡前方(单方)是软边(即半软结构底座)、座深在 500~560mm 之间(指实际使用深度)的,纵向宜放置 4 排盘簧(图4-25)。第一排盘簧的最大圆周应与第二排盘簧的最大圆周共切于直线 AB,后 3 排纵向间隙(最大圆周外径间距)均为 45~50mm,横向间隙为 45~55mm,无论是单人沙发还是三人沙发,前排弹簧都应比后排多一个。一般硬边的单人或三人沙发,以放置 3 排盘簧为妥(图4-26)。3 排盘簧的纵向间隙为 60mm,横向间隙仍为 45~55mm。

用盘簧制作沙发靠背时,盘簧排列方式可根据靠背的高度和要求确定,纵向采用 3 排为宜,也有采用 2 排的。盘簧的纵向间隙一般取 50~90mm,横向间隙为 55~60mm。

固定盘簧的方法根据基底的不同而不同。底座和靠背基底可分为绷带基底、网式基底、板条基底(即弹簧固定板)和板式基底 4 类。

绷带基底 由纵横交错的绷带组成,盘簧一般直接缝固在绷带基底上。绷带基底可用双头直针或弯针引鞋线缝固盘簧,缝法如图4-27所示。

凡沙发的软边结构(如全软沙发和半软沙发),

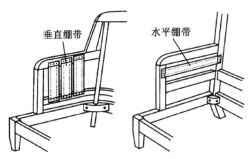

图 4-24 钉制扶手绷带

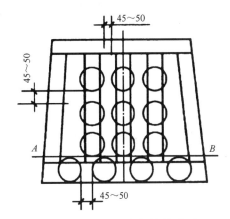

图 4-25 软边底座盘簧的排列

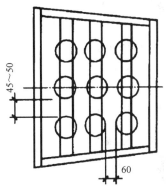

图 4-26 硬边底座盘簧的排列

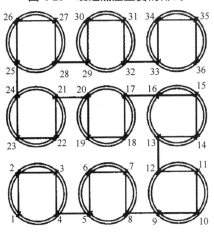

图 4-27 盘簧在绷带基底的缝固针步

都需采用弹簧边钢丝结构,即钉扎钢丝或藤条。其目的是固定和连接框边盘簧,使边部盘簧与座面中间的盘簧相互牵制配合,并使软边盘簧受力一致，既富有弹性又保持沙发的轮廓。

网式基底

a. 铁丝网作基底：网式基底是用预先纺织好的铁丝网作基底，网片大小以放入框架内、四边与木框约有100mm左右的空隙为准，然后用螺旋穿簧(即拉簧)将网片与木框连为一体。盘簧则用射钉固定在网片上，也可用弯针穿鞋线或麻绳绑在网片上。

b. 铁皮条作基底：在框架底部用铁皮条穿交叉呈"井"字形(图4-28)，这不但要铁皮条之间交叉，同时与弹簧的底圈也要交叉，并用钉子把铁皮条固定于框架上。

板条基底 即弹簧固定板，将木板与座框连成一体，用于盘簧的支撑。还有一种基底是在座框上钉上一整块实木板或其他人造板，形成实芯的板式基底(即全硬底座)。这两种基底形式比绷带基底要牢固可靠，但弹性、舒适性不如绷带基底。盘簧在板条基底或板式基底上一般采用骑马钉或射钉固定，也可采用钢圆钉弯曲固定。在盘簧下加一块软质材料以减少在盘簧碰磨木板时产生的噪声。

（2）螺旋弹簧的绑扎

螺旋弹簧在基底上固定后，为保证所有盘簧不左右移动，必须用蜡绳将盘簧绑扎在木框上。为使弹簧基座具有一定的弹性，在绑扎弹簧时需将自由高度向下压缩。但绑扎时下压的压缩量不得超过盘簧自由高度的25%(一般硬盘簧压缩量小些，而软盘簧压缩量应大些)。

弧面座的绑扎 弧面座的座边是倾斜的圆边，在绑扎盘簧时，一般采用纵横二向绷绳(图4-29)，而不采用斜向绷绳。

在绑扎弧面座盘簧时可以采用回绑或不回绑的绑扎法，回绑法又可分为双股绷绳回绑法和单股绷绳回绑法。回绑法是由两根平行绷绳构成的，一根绑在靠近木框的弹簧顶圈上，另一根绑在同一弹簧顶圈的下面一圈(即第二圈)上。采用回绑法可使弧面座的外圈盘簧顶部绑斜，以使座框四边绑圆，形成弧面。

a. 不回绑绑扎法的绑扎步骤：在框架正对每行盘簧中心处钉两个钢圆钉，钉子之间的间距约为15mm，钉入深度为钉长的一半。绷绳的长度应取座框前、后望板间距的2倍再加约250mm的打结绳长。绑扎盘簧采用的打结方式有绕结(即滑结)(图4-30)和套结(图4-31)。绕结便于绑好每

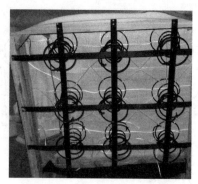

图4-28 铁皮条作座框举例

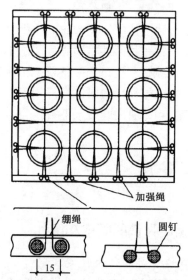

图4-29 纵横二向绷绳绑扎法

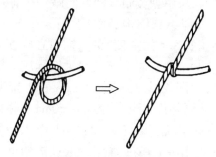

图4-30 绕结

行之后调整盘簧；套结则较稳定耐久，不像绕结那样容易滑动，并能在某处绷绳断开后，保持其他绳扣不松。先把每根绷绳的中点从底座后望板绕到钉好的两颗钉子上，绕法见图4-29，然后钉牢钉子。从中间的一行盘簧开始，x 将两根绷绳合成双股绕在正对着的盘簧顶圈上的中点上(图4-32)。将盘簧下压，使之满足高度和弹性要求，拽紧绷绳，在顶圈的内侧点打一个结。将绷绳拉过中间行的每个盘簧，重复上述步骤(即过 d 点和 g 点)，将绷绳固定在前望板上的两颗圆钉上，然后将多余的绷绳剪掉。在钉紧前望板上的钉子之前，检查所有盘簧排列高度及间隔是否符合要求，如不合要

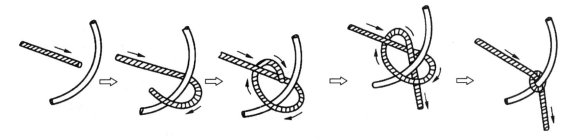

图 4-31 套结

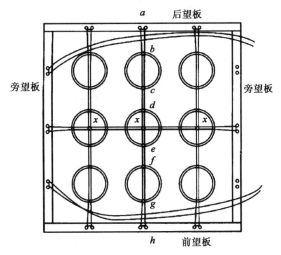

图 4-32 不回绑绑扎法的盘簧绑扎

求，则需将打好的结松开进行调整，直至符合要求后再将钉子钉入，压紧绷绳。

其余各行盘簧的绷扎步骤相同。当纵向绷绳全部绑完后，再用同样方法绷扎横向绷绳（即旁望板方向的绷绳），但须在与纵向绷绳的交点处打结（图中 x 点）。如需进一步加强盘簧的绷扎牢度，可再增设加强绷绳（图 4-29）。

b. 双股绷绳回绑法的绷扎步骤：采用双股绷绳回绑法时（图 4-33），绷绳长度为前、后望板距离的 2 倍再加 250~300mm 的打结余量。将绷绳的一端绑在后望板上每行的两颗钉子中的一个点上（图中 a 点），先从中间一行盘簧开始，绕在靠近后望板盘簧从顶圈往下数的第二圈上（图中 b 点），将盘

簧下压到要求高度，拉紧绷绳，在 b 点上打一套结，继续将绷绳拉到同一弹簧的里侧顶圈上打第二个结（图中 c 点）。绷绳经过中间的每个盘簧顶圈圈上打结（图中 d 点到 e 点）。在靠近前望板的盘簧顶圈里侧打一个结（图中 f 点），然后将绷绳拉到同一盘簧的第二圈外侧上打另一结（图中 g 点），再将绷绳绕在前望板的两颗钉上，检查调整弹簧后将钉钉牢。再将绷绳从前望板回绑至后望板，在每个盘簧的顶圈上打结（即从 j 点到 o 点）。绷扎时要注意处理好点 j 和点 o，两点要将绷绳搜紧，把盘簧顶圈外侧往下搜向望板，以获得需要的圆边效果。重复上述步骤，把纵向绷绳和横向绷绳都绷扎完。

c. 单股绷绳回绑法的绷扎步骤：采用单股绷绳回绑法时（图 4-34），绷绳长度等于座框间距加上回绑所需的 250~300mm 打结余量，将绷绳绕到底框的两个钉子上，绷绳绕点距端头 125~150mm 处，钉牢钉子，将绷绳固定。将绷绳较长的一端，从 a 点用与双股绷绳绷扎相同的方法，到达另一边时，将绷绳绕到另外两颗钉子上，把钉子钉牢将绷绳固定。将盘簧的顶圈外侧搜斜，并将绷绳另一端绷扎在 z 点上。

平面座的绷扎　平面座的边部与座面垂直，边部形成方直的棱角。平面座的绷扎方式基本上与弧面座相同，但有下列不同之处：绷扎盘簧采用单股绷绳；有时采用斜向绷绳（图 4-35），即"米"字形绷绳（或称为梅花绷）；回绑时，开始是

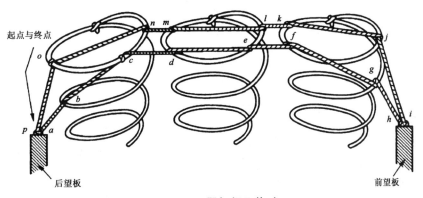

图 4-33 双股绷绳回绑法

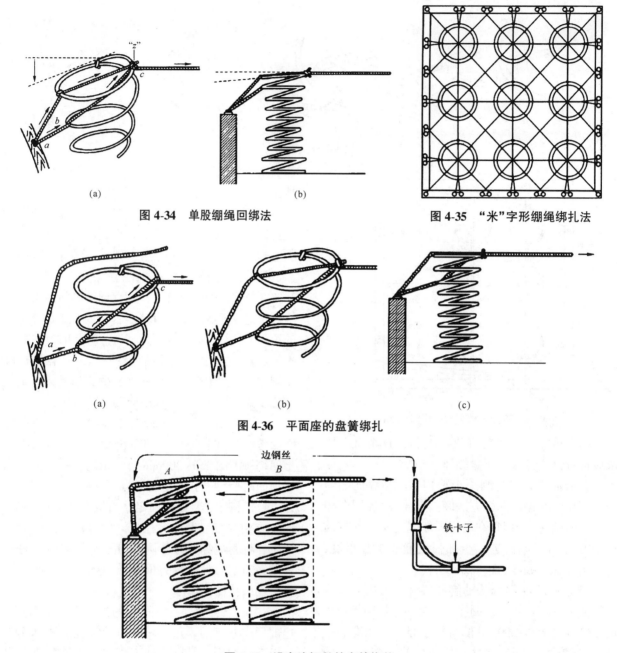

图4-34 单股绷绳回绑法

图4-35 "米"字形绷绳绑扎法

图4-36 平面座的盘簧绑扎

图4-37 设有边钢丝的盘簧绑扎

用下面一根绷绳绑在盘簧从顶往下数的第三圈的外侧上(而不是第二圈),如图4-36所示。

在平座的前边,有时连同侧边往往设有一根弹簧边钢丝。此时,前排盘簧在绑扎时必须均匀地向外倾斜,使每个盘簧顶圈最外侧和木框前望板外侧都在同一垂线上(图4-37)。如果侧边也采用软边钢丝结构,那么侧边的盘簧也必须做相同的处理。弹簧边钢丝与盘簧顶圈的连接方式可采用专用铁卡子固定,或用麻绳绑扎。铁卡子可采用专用的卡箍钳夹紧。麻绳绑扎采用双股麻绳绕扎排线,长度为35mm,扎紧扎牢后打死结。

靠背的绑扎 绑扎靠背盘簧须采用纵横二向绑扎法,也可采用回绑法。绑扎时一般先绑纵向(即垂直行),从中间的一行下端开始,绑完纵向再绑横向各行。

(3)螺旋弹簧的简易固定与绑扎

如图4-38所示,通过弹簧机生产出单个独立弹簧,再将单个独立弹簧用棉绳拴在一起(图4-39)。为了将独立弹簧按一定形式拴在一起,首先要有一个放独立弹簧带圆孔的盒状模具,此模具通常用人造板钉制。在盒状模具的上表面按一定间距挖孔(如孔的数量为39个),同时孔的大小以能自由放入独立弹簧为佳,孔的深度应比独立弹簧的高度低5cm左右。把弹簧放入模具的孔中,再在

图 4-38　螺旋弹簧的制造

图 4-39　螺旋弹簧的拴结

图 4-40　螺旋弹簧的固定

图 4-41　铁皮条的固定

图 4-42　蛇簧的截取图

图 4-43　蛇簧的固定

弹簧上圈边缘用铁丝加固。接着，用棉绳在其弹簧上圈固定，通常先纵后横，再斜向交叉。棉绳交叉处也要打结。通常在一个弹簧圈上有 8 个结点。把拴好的独立弹簧放在座框上，再用枪钉把棉绳固定在框架的四周（图 4-40）。最后，在座框背后用铁皮条穿交叉"井"字形，这不但要铁皮条之间交叉，同时与弹簧的底圈也要交叉，并用钉子把铁皮条固定于框架上（图 4-41）。

4.3.2　蛇簧的固定

蛇簧被广泛用于制作现代沙发的座垫和靠背的支承面。这种蛇簧可以加工 30～40m 的长规格，使用时按需要截成一定的长度。也可以直接加工成一定的规格长度，选择使用。

蛇簧的安装一是要求在不受力时呈向上的弓形，其次是要求边框必须坚固结实，所以安装蛇簧的零件至少要 25mm 厚，以避免蛇簧受力时向内压弯。

由于蛇簧的结构特点，所以蛇簧将自动地向上形成一个弓形。弓形的大小由两支承点之间弹簧的整体长度决定，也就是由超出框架长度的弹簧翘曲度决定，适合的翘曲度一般为20～40mm。

蛇簧的切断必须在 U 形的中心点，蛇簧切断后端部必须弯头向里，以防止端部从装配夹子里脱落出来。

根据框架的尺寸，按要求截取一定长度的蛇簧（图 4-42），然后把三角扣一侧钉在框架上，最后挂上蛇簧，并用钉子再加固三角扣（图 4-43）。

4.4　海绵切割及粘贴工艺

在沙发框架粘贴海绵之前，通常先钉一层麻布层。麻布在沙发制作中主要有两个方面的用途：在弹簧结构的沙发中覆盖弹簧；在非弹簧结构沙发中覆盖绷带。

用钉覆盖弹簧麻布层时，在盘簧或蛇簧上覆盖麻布层，这样既可为上面铺装填料提供基底，形成一个能在弹簧上面铺装、缝连填料的表面，又可防止填料散落到弹簧中去。钉麻布层时要拽紧拉平，但不能压缩弹簧，否则麻布层长期受力容易破损。钉麻布层时要向内折边 15mm 左右，并处理好前角、后角及与扶手的交接处，弄平皱褶（图 4-44）。钉子一般采用鞋钉，也可采用射钉。

钉好麻布层后还应用弯针引线将麻布层与弹簧缝连在一起，以使麻布层不发生位移。

钉覆盖绷带的麻布层时，非弹簧结构分为中空木框和实心木板。中空木框的软垫一般采用绷带结构，绷带结构需要在绷带上覆盖一层麻布，为铺装填料提供基底。麻布层在钉覆时，最好沿边框加钉一圈压边条。该工艺多用于靠背和扶手，如图4-45所示。

目前大多数沙发厂切割海绵技术比较落后，一般先在海绵上画线，然后用长刀或海绵切割锯进行切割，生产效率比较低；如果批量生产，可以应用先进设备，如海绵平切机、海绵纵切机以及海绵线切机（用于曲线切割）。

（1）海绵加工

先是按样板画线，然后对海绵进行切割加工（图4-46、图4-47）。

（2）贴海绵

在钉好内架的接触面上粘贴切割好的海绵，原则是先粘贴薄、硬的海绵，再粘贴厚、软的海绵。

如图4-48所示为一种独立供胶的喷枪，用喷枪把胶直接喷在松紧带上；如图4-49所示为一种集中供胶的喷枪，如果所用的弹簧是蛇簧，通常把胶喷在海绵上。

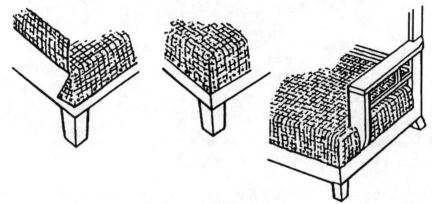

图 4-44　麻布层的角部处理

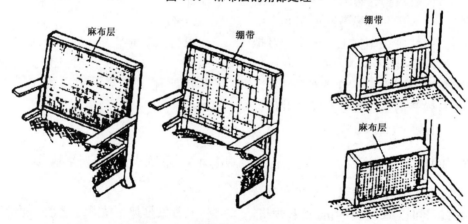

图 4-45　软垫靠背与扶手的麻布层

图 4-46　手工切割海绵

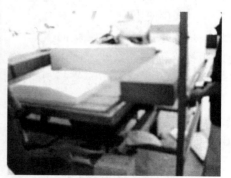

图 4-47　异型海绵切割机切割

图 4-48　独立供胶的喷枪喷胶

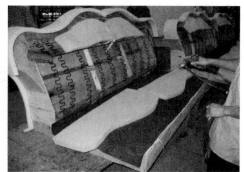

图 4-49　集中供胶的喷枪喷胶

4.5　沙发蒙面工艺

4.5.1　沙发面料的排料、裁剪和缝纫

沙发面料裁剪主要取决于沙发的造型，在产品批量生产之前，首先要设计试样、做好样板，然后再进行排料、裁剪和缝纫。

（1）排料

一件沙发，往往由许多块不同形状规格的面料组成（图 4-50）。先按所需面料块列出明细表，然后将量取的尺寸、所需的数量填入表中。量取尺寸时应将尺子贴住表面，尽可能拽紧，但不能压迫表面。再按量取的面料尺寸剪成纸样，进行排料。沙发面料在排料时应注意以下几点：

面料的纹理　排料时面料按布幅直排，由上向下，扶手由里向外，外扶手、大外背均随里背顺向。但必须根据面料具体纹理和花纹决定，如房屋、人物、花鸟等均以不颠倒为原则。

绒毛的倒顺　必须注意灯芯绒、丝绒、平绒等绒类面料绒毛的倒顺。一般绒毛顺向应由上向下，底座由里向外，扶手面由后向前，这样绒毛的顺向就与人体移动方向一致，以利于保持绒料

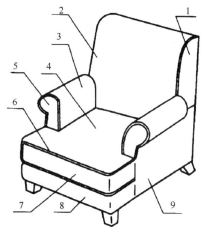

1.背围边　2.内背　3.内扶手　4.软垫面　5.前柱头
6.嵌线　7.软垫围边　8.底座围边　9.外扶手

图 4-50　不同形状规格面料的名称

的光泽。扶手前柱、座围边、外扶手、大外背均由上向下，与主体光泽保持一致。

对花、对图案　采用有规律、有主次花纹图案的面料时，一般均需将花和图案对正，不能有错位，特别是成套沙发，更要注意花和图案的对正，这样会使沙发更显高雅。

色差　所谓色差，是指面料颜色的深浅差别。一个沙发如出现两种及两种以上的深浅色差，会使人产生不协调的感觉，所以要注意面料的色差。

排料　排料时要包括塞头、缝头、钉边的余量（图 4-51），排好料后即可将每块面料剪开。

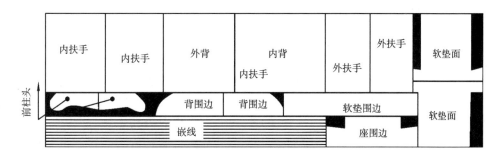

图 4-51　沙发排料图

（2）裁剪

根据产品产量可采用手工裁剪或机械裁剪。沙发面料裁剪加工时要掌握以下几点：

面料的伸缩性　裁剪面料时要考虑面料的性能、质地、季节及产品特点，给予适当缩、放尺寸。

面料的放势　沙发各部位都有凸度，且背、底、扶手均有塞头布，如果放势（即余量）不足，各塞头处就会产生露塞头布现象而影响美观。因此，除对各部件放折叠边外，对一般面料靠背上端需放势 80~100mm，底座上角边及扶手里塞头处均放势 50~60mm。对于弹性大的涤纶类面料再缩小 10~20mm。

留出缝头　裁剪面料必须考虑留出缝头或钉边余量，一般面料缝头留 10mm，皮革类缝头留 8mm，特殊料子的缝头应酌情处理。

劈角　沙发靠背、底座中间多有凸度，大外背呈平整状，为了使其轮廓清晰、饱满、嵌线挺直，裁剪时必须劈角（即面料角部剪去一部分）。一般劈角宽度为 8~10mm，长度为 130~150mm，特殊情况例外。

劈势　要使沙发靠背和底座面平整、服帖以及围边不翘，对沙发靠背、底座的围边要进行劈势。

塞头布和拉手布的裁剪　拉手布和塞头布均需用牢固的布料，其尺寸的确定依据各部位之间的间距尺寸而定。

（3）沙发面料的缝纫

沙发面料在包蒙前，需要将有些面料块缝合在一起，必要时还要加入嵌线。下面介绍基本的缝合方法。

试缝　试缝就是把两块面料临时缝在一起，采用试缝主要是帮助面料定位，便于检查、调整。试缝可用别针或宽的针脚来缝。待正式缝合后应拆去试缝的别针或缝线。

平缝　平缝是一种最简单的面料缝法，首先将两块面料正面相对放在一起，用别针和宽针脚试缝，然后沿边 10mm 左右正式缝一条线，再将试缝的别针和线拆除。

贴边缝　先将两块面料做平缝，然后将其中一个缝边剪去一部分，再用另一个缝边贴缝在上面即成（图 4-52）。

嵌线　嵌线为缝合面料时夹入的线条，主要作用是盖缝和修饰边线。嵌线一般自制，其制作

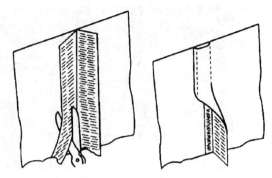

图 4-52　贴边缝示意图

方法如下：

a. 嵌线面料一般与沙发面料相同，裁剪时要考虑面料的图案与特性，要使每条嵌线面料上的图案（如条纹）呈 45°，才能与沙发面料相配。对于绒毛面料，必须使嵌线的绒毛朝向与大面料相同。

b. 嵌线绳可采用棉绳或麻绳等，直径一般为 3~6mm。嵌线布条的宽度为 40~50mm。

c. 将做好的嵌线分别缝在靠背、底座的围边和扶手柱头上。

拼缝塞头布和拉手布　对底座、靠背、扶手分别拼缝塞头布，拼接好后应在原缝上再压一条缝线。沙发的硬边处需缝拉手布，拉手布放在最下层，中间是嵌线条，上面是面子。这样制作嵌线挺直，拉手布和面子一旦钉平整，中间的嵌线就会自然地挺立出来。拉手布的另一作用是给面子定位、定尺寸，使沙发轮廓清晰。

暗针和暗钉　暗针的缝线不应露在沙发面外，常用于沙发面外露部位的手工缝合。暗钉是用于有木框部位的面料钉固。

4.5.2　沙发的包蒙

（1）底座的包蒙

包蒙沙发面料时一般先包底座、再包扶手，然后包内背、外背。包蒙沙发因沙发款式而异。底座可分为封闭式和敞开式。封闭式底座又分为两种情况：一种是座面上配有软垫，座面为不可见部分，所以这部分不用面料，而用其他结实价廉的布料代替，其底座包蒙如图 4-53 所示；另一种是座面上不带软垫，座面为可见部分，除拉手片其余均应采用面料。

（2）扶手面料的包蒙

底座面料包好后，接着包装扶手面料。根据扶手式样不同，扶手包蒙可分为以下 3 种形式（图 4-54）：用一块面料包蒙、用两块面料包蒙

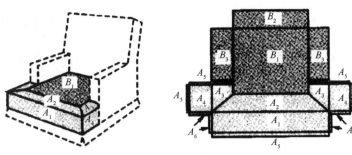

图4-53　底座包蒙

A—面料：A_1，A_2．座前面　A_3，A_4．座侧围　A_5．钉边　A_6．缝边

B—斜纹布：B_1．座面　B_2．后拉手片　B_3．侧拉手片

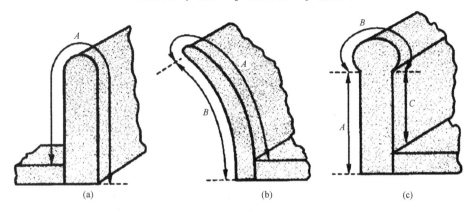

图4-54　扶手包蒙的3种形式

（内扶手面料与外扶手面料分为两块）和用3块面料包蒙（分为内扶手、外扶手和扶手面3块面料）。

　　扶手前柱头面料的包蒙可分为两种形式。一种为铺装软垫，即先在扶手前柱头上钉麻布层，在其四周钉一圈软子口，装上填料（钉住），然后蒙扶手前柱面；另一种是通过嵌线把扶手面料块、内扶的面料块及扶手前柱面料块缝在一起，再包蒙到扶手上。包蒙时扶手前柱头面料块向下拉，扶手面料块向后并向下的方向拉紧，内扶手面料块应向里并向下的方向拉紧钉牢，然后再包蒙外扶手面料块。包蒙时先将连接在扶手前柱头上的嵌线拉直，用鞋钉或射钉将嵌线缝头固定在扶手前柱头侧面外扶手的交界线上，再压上硬纸板条（或三层结构胶合板条）。将外扶手的面料翻面，上端毛边向下，同样压上硬纸板条（压硬纸板条时要注意鞋钉钉头要与纸板边缘刻齐，鞋钉不能压得过死，以免面料起筋花和轮廓线条不直），然后把面料翻过来，前边与嵌线吻合，下边与后边均钉在沙发底座档和背立柱上，再用暗针封口。

　　（3）靠背面料的包蒙

　　靠背与扶手一样，也有敞开式和封闭式之分。一般封闭式靠背的面料的包蒙比较复杂。靠背面料的包蒙过程如下：

　　①把填料和棉花衬层铺钉到麻布层上。

　　②将内背面料铺在棉花衬层上，先尝试将靠背上边的面料钉住，钉缝时从框中间向两边加钉，边钉边平整褶皱。

　　③把内背面料两侧和底部的拉手片从塞头档与框架之间拉到外背，拉紧至足以使内背面料张紧并平滑为止，把它们钉到框上并剪掉多余的拉手布。然后检查内背，符合要求后将靠背上边的钉子钉死并剪去边部多余面料。

　　外背的包蒙要简便些，根据不同款式，有些外背面料为单独一块，有时与扶手外背连为一体。

4.6　活动软垫制作

　　在软体家具中使用多种活动软垫（后简称"软垫"）。常根据其内部结构分类，两种基本类别为：一是带弹簧的填充软垫；二是无弹簧的填充软垫。在第二类中，可以看到有边条的软垫和无边条的软垫（上面直接缝到底面上，在软垫周围用一条嵌线盖住接缝）。软垫同样也分为多种形状和规格。基本形状为方形和矩形软垫，但也有圆形软垫、三角形软垫、"T"形软垫，在全包家具中用得很普遍。

4.6.1 尺寸与剪样

（1）尺寸

软垫的尺寸必须在座位的最宽和最深部分量取。当然，尺子必须准确地保持与框架的侧望平行。一般说来，两扶手内侧之间的尺寸构成了软垫的宽度尺寸（图 4-55）。不过，采用"T"形软垫时，必须量取框架前面两外边之间的距离作第二个尺寸（图 4-56）。无论哪种型式的软垫，裁剪式样时都要加上 13~19mm 的余量作缝头。

边部的垂直宽度取决于软垫的厚度。宽度确定之后，就可将尺子端头置于后边中间的部位，测量出环绕软垫四边的边条长度（图 4-57）。同面与底一样，裁剪边条式样时，在边条的上下边都要附加 13~19mm 余量作缝头。

（2）剪样

量取了软垫的面和底的深度与宽度尺寸之后，裁剪出纸样，并在各边上至少留有 100mm 的余量作最后调整之用；将纸样放在座子上，用铅笔沿内扶手与内背包布曲线所构成的式样边缘画一道线。随后用直尺将式样的线条画直，以便使夹角之间的软垫边呈一直线。所有边缘部要留有 13~19mm 的附加余量以作缝头。这是套子与面料的面和底的最终式样。修剪掉缝头余量外边所有的多余纸料。纸样备好后，别到布料上。如果不愿用纸样，就剪下一块棉布（作软垫套）或一块面料。一定要在各边留有 100mm 的余量作调整用，将这块布放在座位上，画好边线，剪出软垫的面和底（图 4-58）。

边条的尺寸极少需要调整。记住：裁剪样子时在上下边都要加上 13~19mm 的附加余量作缝头，在边条端头也加相同的余量作软垫后边的垂直缝头。

4.6.2 无弹簧的填充软垫

用羽毛、绒毛或动物毛填充的软垫应该有里

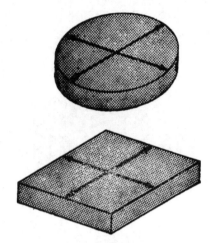

图 4-55　圆形、矩形软垫的面和底的尺寸

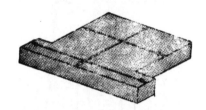

图 4-56　"T"形软垫的面和底的尺寸

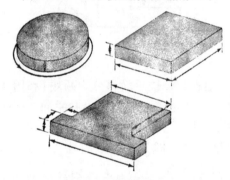

图 4-57　软垫边围尺寸

衬，以防填料透过面料穿出来。在某些方面，里衬的作用和第 8 章叙述的包覆棉布相似，即包裹填料。最好是分成几个部分来填充，可以防止填料从软垫的一头滑到另一头。

制造填充软垫时，可以在四边采用一条边条或将面子直接缝到底子上。在后一种情况下，软垫周围只有一道接缝，用一道嵌线遮盖住（图 4-59）。

（a）软垫的画线

（b）软垫面的裁剪

图 4-58　剪样

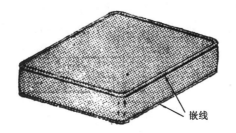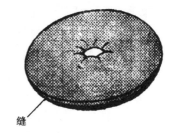

嵌线　　　　　缝

图 4-59　使用和不使用边围的软垫结构示例

以下为无弹簧填充软垫的各工序：

①取面和布料，或用软底的纸样，放在厚实的棉布上，或将纸样别在布料上，用铅笔沿纸样边缘小心画上记号。如果布料颜色是黑的，宜于用粉笔画线。剪下面和底，将它们放在一边。

②取边条的纸样，放在棉布上。在布料上别上纸样或按纸样画线，剪出边条。

③将套子的底缝到边条的前边与侧边上。留着后边开口。然后对面也进行同样的处理。通过后面开口，将填料填入软垫。

④填料在套子中要填塞结实，但不能影响打包封口。最远的角落（这里为两前角）要首先填塞，从这两角向外填塞。如果使用动物毛、绒毛或木棉，在填入套子时，必须先将它们弄松散，以避免结块。

⑤使用步骤①到④这种软垫构成方法，存在着填料从软垫一头滑向另一头的问题。如果使用绒毛或羽毛，这种现象更明显，后果之一是一些填料会成团，构成不舒适的结块。透过套子面缝几针，将填料稳住，可以防止滑动（图 4-60）。不要把线拽得太紧，以免软垫表面受压迫。

⑥防止填料滑动的另一种方法是将套子分成几个部分。可将底分成 3 个相等的部分。用软铅笔在底盖的内面画上两根线将其分成三部分（图 4-61）。沿软垫四周（包括后边）将边条缝到底上。

⑦套子内部由两块内间壁分成 3 部分。内间壁的尺寸必须与边条相同（长度除外）。例如，如果边条宽度为 100mm，同时每边还有 13mm 的缝头，那么间壁也必须一样。它们的长度则必须足以跨过套子的内腔，并有附加余量，以便缝到软垫前后边壁的内侧上（图 4-62）。

⑧将套子的面缝上，在后面留的缝要使每一部分都能填充（图 4-63）。

⑨将填料填入套子，按步骤④阐述的方法进行。套子填好后，将面上所留缝口缝上。

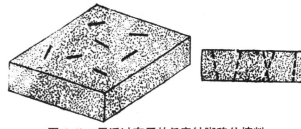

图 4-60　用透过套子的任意针脚稳住填料

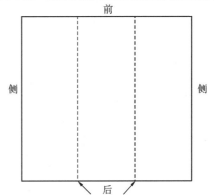

前

侧　　　　　侧

后

在软垫底片上的间壁位置

图 4-61　间隔位置画线

前

侧　　　　　侧

后

图 4-62　间隔套子的内部结构

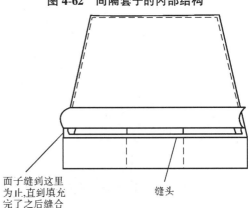

面子缝到这里为止，直到填充完了之后缝合　　　缝头

图 4-63　填充间隔套子

⑩裁剪面料时用裁剪套子的同一方法。必须注意把图案（条纹、方格等）放正。例如裁剪条纹布时，必须使条纹垂直于软垫底边（在边条上）或平行于侧边（在面与底上），而不能取斜线（图4-64）。软垫上的条纹取前后走向，好与椅子或沙发内背和前下方条纹相匹配，如果排列不好，就会有损产品的外观整齐。构成外表面的主要不同点是其布料不直接缝在一起，而要加一条嵌线，将接缝遮住。接缝本身则做成隐缝（图4-65），只有软垫后面边条上的垂直缝不用嵌线。当使用嵌线时，尤其是在嵌线材料有条纹时，其条纹应排成斜行。

4.6.3　有弹簧的填充软垫

用于软垫的弹簧高度与直径通常都小于100mm，比普通包布用的弹簧小一些。软垫采用这种弹簧时，需要有一个强力而紧密的构件装在内部填料层与棉花层之间。

每一行软垫布袋簧都单独地包在棉布布袋中。首先要确定与软垫相匹配的行数，然后将各行缝在一起，构成一个符合规格的弹簧构件。

下面是构成含有弹簧构件的填充软垫的要点：

①首先裁剪出图样，用这个图样从厚实的棉布中剪出套子，这一图样还可用来裁剪面料。

②将边条缝到套子的底子上。安排好边条的接缝（将边条两端接在一起的缝），使其落在套子的后面，并将它缝合固定。其实，在某种意义上，这是一次练习，无论这道缝安排在套子的什么地方，它都是看不见的。但是做面料时，这道缝倒是一定要安排在软垫的后面。

③有时宜用一层薄麻布包覆布袋弹簧构件，可以增强保护，防止填料滑走和向下穿到弹簧中去（图4-66）。

④用一层棉花铺在套子底部（图4-67）。

⑤用一层40～50mm厚的填料铺盖到棉花层上。摊开填料使其分布均匀。将布袋弹簧构件放在这层填料的上面（图4-67）。

⑥在弹簧构件上面摊铺一层填料。用一层棉花将其覆盖。剪一条棉花作边条，并将它缝上（图4-68）。

⑦将套面移到边条上。剪套子时用过的图样同样可以用于面料。接缝做成暗的，并用嵌线遮盖（图4-65）。

⑧上述7个步骤所叙述的软垫结构是在面料与棉花垫之间使用了棉布套子，不过也可以使用无套子结构（图4-69）。紧挨弹簧的薄麻布层也可以不要。

4.6.4　拉　链

有时用拉链来代替缝合，将面料后面锁紧。拉链设置在软垫后边条的中部，顺着后边条的走向。如果边条宽度为75mm（成品软垫），则剪两块条子各宽38mm并带16mm余量（作中边的折边）和在每一个外侧边加上13～19mm作缝头（图4-70），首先将中边与拉链缝在一起。注意，沿中边16mm距离向里折边用一道缝线穿透面料缝到拉链材料上。随后将上了拉链的边条缝到面和底上，同时用一道嵌线遮缝（图4-65）。由于后边条由上下布片构成，它的两端可以用垂直缝将其连在一起，这些缝不用嵌线遮盖。

建议把拉链长度延伸到横跨整个后边。这样可以使套子更易装入。在软垫上的拉链开口多种多样，其范围从后面的部分开口（如距每个角约50mm）到转过两角后再伸展（图4-71）。拉链可以成套购买，有一系列长度拉链产品，并附有安装说明书。

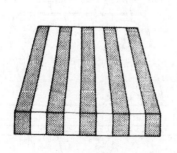

图4-64　裁剪条纹料

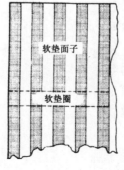

软垫面子

软垫圈

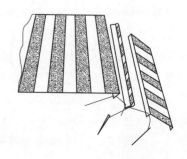

图4-65　在软垫边上使用嵌线

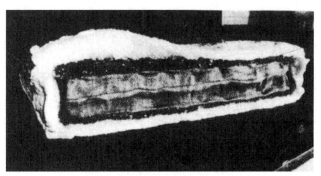

图 4-66　用薄麻布包覆布袋弹簧构件

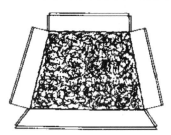

图 4-67　将底层棉花与填料铺放在套子中

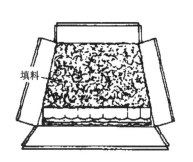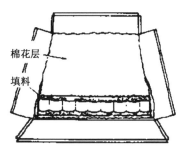

图 4-68　将面层棉花与填料铺放在套子中

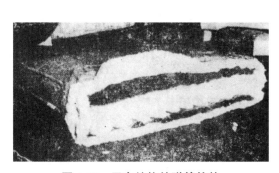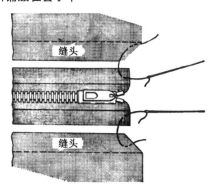

图 4-69　无套结构的弹簧软垫　　　　图 4-70　装拉链

图 4-71　软垫的各种拉链形式

复习思考题

1. 请写出木质框架沙发的典型生产工艺流程。
2. 木质框架材料的准备包括哪几个环节？及其各自注意事项。
3. 举例说明木质复合材料与实木组成的沙发内结构框架的零部件名称，并写出各自的特点及其作用。
4. 举例说明实木沙发内结构框架的零部件名字，并写出各自的特点及其作用。
5. 沙发钉制绷带的类型有哪些？各自的特点及其注意点是什么？
6. 螺旋弹簧的固定形式有哪些？其操作步骤如何？
7. 如何固定蛇簧？
8. 粘贴海绵有哪几种类型？各有什么特点？
9. 如何进行沙发面料的排料、裁剪及缝纫？各自的制作步骤或其注意点是什么？
10. 简述活动软垫的类型及其各自的制作工艺。

第**5**章
沙发出模与打样

【本章重点】

1. 沙发设计的主要步骤。

2. 沙发出模的方法及各自的步骤。

3. 沙发打样的步骤、方法及技术要点。

本章主要围绕图 5-1 所示的沙发款式，系统地介绍以海绵作为主要弹性材料的沙发设计、出模与打样。虽然沙发的款式很多，选用的材料与结构也有所不同，但沙发的设计、出模及打样的方法大同小异。

5.1　沙发的设计

要生产一款沙发，必须先进行构思并绘制成设计图样，然后按照图样制模，再用材料把沙发的样品做出来。要想设计出更加完美的沙发，一

定要掌握沙发结构、沙发用料和沙发生产过程。

5.1.1　设计构思

经过长时间的思考和借鉴，参考大量的资料之后，脑海里就会浮现出沙发的式样，经过将各种元素进行组合，此时可以绘制设计草图，进行记录和比较，确定方案后绘制设计图样。

绘制沙发图样要按一定的尺寸比例。通常一张单人沙发的尺寸是：长 1100mm、高 950mm、深 950mm，座高 420mm、座宽 500mm、座深 530mm，扶手高 600mm，扶手面宽 300mm。沙发脚的高度要根据沙发脚的形状来定，一般为 120mm，坐位

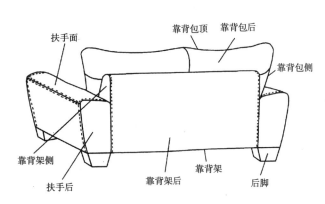

图 5-1　沙发的外观

的海绵厚 130mm，扶手海绵厚 100mm 以下，靠背包海绵厚约 150mm。

沙发尺寸比例和海绵厚度确定后，还要设计沙发的各个制造工序，沙发的规格、做法等。

5.1.2 画立体图

绘制沙发设计图样，一般按 10：1 的比例绘制。下面介绍绘制沙发设计图样的 5 个步骤。

(1) 步骤一

沙发设计中，通常按系列来考虑，包括单人沙发、双人沙发、三人沙发。

设计的图样是一张三人沙发，它是将单坐位的中间部分加长得到的，这样考虑是为沙发出模、打样提供方便。有扶手包的沙发，中间坐位宽约 500mm；没扶手包的沙发，中间坐位宽约 600mm，这些尺寸要根据沙发的需要来确定。没有扶手包的沙发，若坐位的宽度定为 600mm，再加上两扶手宽度 600mm，整体长度为 1200mm；双人沙发有两个坐位，若每个坐位定为 520mm，两个坐位共长 1040mm，减去单人座宽 600mm，双人沙发以单人沙发为基础，中间加长了 440mm，整张沙发长 1640mm；若三人沙发坐位长度定为 1360mm，按照双坐位的方法算，三坐位的沙发也以单坐位沙发为基础，中间部分加长 860mm，两个座包分别宽 680mm，整张沙发长 1960mm。也有按一般常规的沙发长度来决定加长多少的，单人沙发一般不超过 1300mm，双人沙发一般长 1600mm 左右，三人沙发长 2000mm 左右，但是不管加多少，最主要的是设计出来的沙发要协调、美观。

有了确定的尺寸比例，就可以开始画图了。用规格 290mm×210mm 的绘图纸，如图 5-2 所示，先从 210mm 宽的左侧纸边量入 80mm 画一条垂直线，再从 290mm 长的底部纸边量入 50mm 画一条水平线，以垂直线和水平线的交叉点为起点画一条斜

线，然后按沙发的尺寸比例量出扶手、坐位的宽，再量出扶手、坐位、座架前和沙发脚的高，然后连线。可以看到，这些线条构成了许多个长方形。

(2) 步骤二

第一步骤画好后，就开始画第二步。先从左边扶手位置画起，按扶手的正面形状来画，要把扶手画得美观并且线条流畅，就不能固守在扶手位置的长方形框架内。为了表现的需要，可以把扶手加大、缩小，或升高或降低，总之要把心中的扶手形状画好。画的时候可多画几条线条，然后选择有用的线条留下来，把没用的线条擦去。

左边扶手的正面画好后，再画右边扶手的正面。接着画右边扶手与座面相连的线条，把右边扶手到靠背的这一段整体画好(图 5-3)，画一条弧线到扶手前的外边。按右边扶手后的高度画一条平行线连接到左边的扶手上，按照这个高度把左边的扶手面、扶手外都画好。把扶手外的底线与沙发前的线相连，然后把座包、沙发脚画好。

画的时候要注意，线和线之间的距离要尽量相等，同一方向的线要平行，平行的线条尺寸要尽量相等；有圆弧的线条，圆弧要尽量相同。最后把那些没有用的线条擦去，留下有用的线条(图 5-4)，沙发的下半部分：扶手、座、沙发脚就基本上画出来了。

(3) 步骤三

有了沙发的下半部分，可以在这个基础上再画沙发的上半部分。首先从座后往上量出 60mm，画一条线作靠背的最高线，也就是靠背包的顶线。又从线往下量 15mm 画线，这是靠背包超出靠背架的距离线。再从座后往上量 24mm 画线，这是下靠背中和坐位的距离线。最后把扶手后的线往上画，直到靠背顶线再画一条和座中线垂直的线(图 5-5)。这样靠背位置就有了 3 条平行的横线和 3 条平行的竖线，有了靠背的平面图就可以按靠背

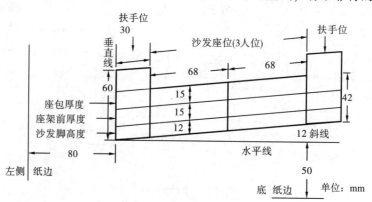

图 5-2 沙发画图步骤一

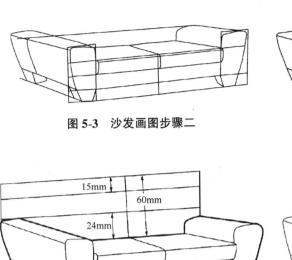

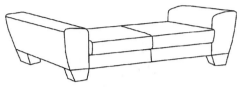

图 5-3　沙发画图步骤二　　　　　图 5-4　擦去多余的线条

图 5-5　沙发画图步骤三　　　　　图 5-6　把没用的辅助线擦去

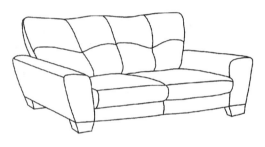

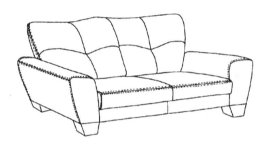

图 5-7　基本完成的图　　　　　　图 5-8　画上压线

的形状来画了。大多数的线都是线连线，连接好后，把没用的辅助线擦去，就得到了一张三人沙发的外观设计草图（图 5-6）。

（4）步骤四

有了三人沙发草图，接下来就要细心地进行修饰描画了。首先自己要欣赏一下，慢慢地检查，看看哪些线条的位置不对，把不理想地方重画，使沙发看起来比例正确、协调和顺眼。然后轻轻地把整个草图擦干净，留下那些有用的线。

保持画面的清洁，只留下淡淡的沙发草图痕迹，然后按照那些痕迹重新把线条描清楚（图 5-7）。沙发的草图画好之后，在该画压线的线边画上间断线，需要压单线的画线的一边，需要压双线的画线的两边。一般压线的位置要多参考其他沙发，画好压线就是一幅以线条为主的沙发外观设计效果图（图 5-8）。

（5）步骤五

步骤四的效果图以线条为主，是简单的画法，会使人看起来觉得太单调，有些地方立体感不强，

没有质感。所以步骤五的任务是以线、面结合来作进一步描画，那样图样会更加生动。画明暗面的时候，要注意笔画的方向，要顺着线条的边走，涂画线边的位置是黑色的，留下的位置就是白色的了，这些工作完成了，沙发的外观设计图样就完成了（图 5-9）。

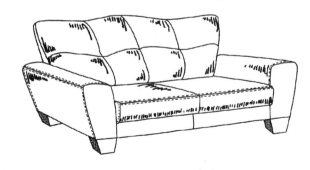

图 5-9　搞好画面清洁

5.1.3　画平面图

一套完整的效果图样，除了立体图以外，还应

该有沙发的正视和侧视平面图，有的沙发还需要画俯视平面图，这是为了方便出模，沙发的正视和侧视平面图是用单人沙发的尺寸比例来画的。通常单人沙发的正面尺寸为：脚高 120mm、座高 420mm、扶手高 600mm、靠背高 950mm。按这个尺寸，以1：10 的比例把沙发的正面视图画出来，然后标上所有的尺寸，这就是沙发的正面尺寸比例图。如图 5-11 所示是沙发正视图的全图，由于设计的沙发是左右对称的，在实际操作中，画在出模纸上的正面尺寸比例图，只需要画好比例图的一半就可以。

单人沙发的侧视尺寸比例图比较复杂，这个比例关系到沙发的坐感，沙发的坐感舒不舒服是由沙发的侧视尺寸比例决定的。一般尺寸是：靠背高 950mm，座前高 420mm，座后要有 30~50mm 的倾斜位，扶手高 600mm，沙发脚高 120mm，座深 530mm，座的海绵厚 150mm，扶手面的海绵厚 50mm；靠背包的海绵：靠背下厚 180mm，靠背上厚 120mm。把这些尺寸画上去，那沙发的侧面尺寸比例图就画好了。还有很多的尺寸可参见图 5-13 所示。沙发的正、侧面尺寸比例图是出模必不可少的第一步，是木架模结构、造架的方法和海绵用法、用量的关键。有很多放样师傅根本画不出沙发的效果图，但是沙发的正视和侧视尺寸比例图，他们却画得很好，所以说能出模不一定能绘图，但是正视和侧视的尺寸比例图一定要会画，只有按实际尺寸画在开模纸上，才能出木架模、海绵模和皮模。

单人沙发的正视比例图可分成 3 个步骤。

第 1 个步骤是把尺寸画出来，如果所有的尺寸都正确了，通常只画一半就可以了；反之，如果尺寸比例不大明确最好画全图。

首先画一个互成直角的两条直线，然后把尺寸逐一画上去（图 5-10）。

第 2 个步骤是把沙发的扶手形状画出来，沙发扶手架面用 50mm 厚的 25 密度的中软海绵；沙发扶手架前、架后及架外都用 15mm 厚的 24 密度的海绵，所以又要把海绵的位置画出来，那就得出了扶手架前的夹板模的形状。但是，扶手架后是跟靠背架相连的，所以扶手架后的夹板模内不用海绵，而是紧贴靠背架（图 5-11）。

第 3 个步骤是把无用的线条擦去，留下有用的线条，使沙发的正视比例图显得简洁干净、整齐和清楚，方便观看（图 5-12）。

沙发的正视比例图也有沙发脚的形状了，这只是一种款式的沙发。有的沙发配用不锈钢配件、（仿）红木配件或塑料配件，这些配件模都是在沙发的正、侧视比例图中画好（表现出来），并且做出模板，然后拿去加工，所以所有的模板都是通过沙发的正、侧视尺寸比例图来完成的。

单人沙发的侧视尺寸比例图也是分 3 个步骤来画。

第 1 个步骤，先画互成直角的两条直线，然后把尺寸逐一画上（图 5-13），座包前超出座架前约 50mm，座后约有 50mm 的倾斜位，靠背包往后斜 150mm 以上、180mm 以下，座深 530mm，靠背包超出靠背架约 150mm 等。这些数据可以说是一般出模的规格，也可以视为一个公式，大多数沙发基本上都是按这个尺寸来做的。

第 2 个步骤就是把沙发的侧视形状画出来，可以得到靠背架的内架夹板模和扶手的长度（图 5-14）。

第 3 个步骤是搞好画面清洁（图 5-15）。

单人沙发的正、侧视尺寸比例图是开模必不可少的一个工序，这里所列举的尺寸是每张沙发都要用到的，以后画沙发的正、侧视尺寸比例图，都可以按这个程序来画。正视图尺寸比例比较容易掌握，侧视尺寸比例图比较复杂，特别是沙发深度，这个深度由沙发的一些尺寸决定，如图 5-13 所示的沙发，座包超出座架前 50mm，座深

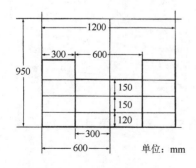

图 5-10　正视比例图（一）

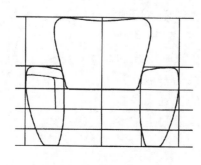

图 5-11　正视比例图（二）

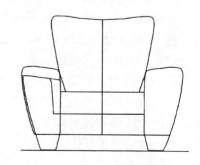

图 5-12　正视比例图（三）

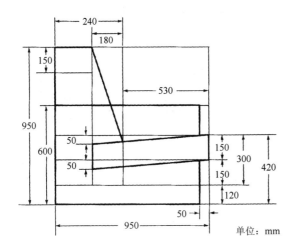

图5-13　单人沙发侧视比例图(一)

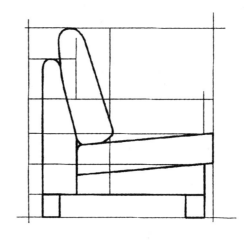

图5-14　单人沙发侧视比例图(二)

图5-15　单人沙发侧视比例图(三)

530mm，靠背包底厚180mm，靠背顶宽60mm等。沙发深度主要由靠背厚薄决定，靠背厚的沙发深些，靠背薄的沙发就没有那么深。这些经验的形成都要通过参考别的沙发，对沙发的侧视尺寸多些了解，才能有把握。因为一般人通常都看沙发正面，很少注意沙发侧面，有了沙发的正、侧视尺寸比例图后就可以出模放样了。

5.2 沙发的出模

　　沙发出模指的是沙发的零部件按一定的规格、形状、尺寸等，以模板的形式做出来，为下一步开料及放样作准备。沙发出模通常有成品出模和看图出模两种方法，成品出模是有现成的沙发样品，但是没有模板，那就必须重新出(做)一套模板；看图出模是指没有现成的沙发样品，也没有

模板，必须要出(制)模板，然后根据模板制作出沙发样品。

　　沙发模板包括：木架模、配件模、海绵模、喷胶棉模以及沙发外套模。

　　沙发出模和放样需要一定的工具和材料，通常所需要的工具有：剪刀、铅笔、双头笔、橡皮擦、美工刀、气枪、胶水枪、铁锤、海绵刀、螺丝刀、钢尺、直角三角尺以及别针等。

　　剪刀是剪模板用的，铅笔是用来画沙发的正、侧视比例图和出模板用的；双头笔是用来画线和出模用的；橡皮擦用作绘图修改用的；螺丝刀是用来撬枪钉的；别针是在成品出模的时候，用作固定无纺布或胶纸的；其他的工具一看就明白，也就不用多说了。

　　此外，所需要的材料还有：开模纸、无纺布、胶纸和胶水。开模纸是用来画沙发的正、侧视比例图用的，并且还可用来开其他模板；无纺布和胶纸是用来印模用的，要求薄且透明，不能太硬；胶纸多数用于成品出模，双头笔画在胶纸上不会把样品沙发外套弄脏，有了这些工具和材料，出模放样就基本上可以得心应手。

5.2.1 成品出模

　　成品出模的方法有两种，一种是"生搬硬套"，另一种是"以桃代李"。生搬硬套法是把沙发样品全部拆下来，再把需要出模的构件，例如，木架、海绵以及沙发外套的一半拆散，然后照搬照套(画)，一块一块地出模；以桃代李法同样也是有沙发样品，但是沙发外套不用拆散，出模的时候可把胶纸盖在沙发外套上，把沙发外套需要出模

的各个位置"复制"（画）下来，即以胶纸代替沙发外套来出模。

成品出模看似简单，要做得同原来样品一样，不掌握一定的方法，没有一定的经验照样做不好。

（1）"生搬硬套"法

成品出模有一定工作程序，一是试坐沙发样品，检查坐感舒不舒适；如果觉得沙发过软或过硬，就要改进海绵结构，然后拍好照片；二是把沙发的一些主要规格记下来，方便生产时验收。这些规格包括：座高、座宽、座深、扶手高、靠背高、下靠背高、沙发脚高和沙发的长、宽、高等；三是把沙发配件拆下来，记好尺寸和数量，出好模板后进行加工。配件加工后进行检查，看是否一模一样；四是拆沙发出模，在出模过程中，对原样品不合理或不完善的地方进行修改；五是模板全部出好后，计算用料，以方便计划购买；六是登记所用材料，及时做出材料预算，如果成本过高，设法把成本合理降下来。

生搬硬套出模法，就是把一张单人的沙发拆下来，首先出木架模（图5-16）。

木架模　木架模包括：扶手架前夹板模、扶手架后夹板模，靠背架侧夹板模。这些可以不用拆散就能出模，只要把出模纸放在夹板上面按照夹板的边画下来就可以了。把模板剪下来，在和木枋相连的位置剪一个口做记号，再写上所用木枋的规格、模板的名称和模板在一套沙发架里所需的数量，然后把那些没有出模的木枋全部以尺寸的形式记在模板上。

如果沙发木架比较复杂，或者不方便出模的木架，要拆散出模才较准确。出好木架模后把拆散的木架按原样钉好。

海绵模　海绵模包括：扶手面、扶手架前和架后海绵模、靠背架侧和靠背包的海绵模，其他的海绵模。海绵出模照样是先拆散，然后一件一件地放在出模纸上照画出模，模出好了也要记上模板的名称和数量，海绵的规格等。有的海绵需要斜切或修圆，这些用法和做法也要记好。

外套模　外套模包括：扶手包前和扶手包后仿皮模、扶手面真皮模、座包前仿皮模、座包面真皮模、靠背架侧仿皮模、上靠背包真皮模、下靠背包真皮模、靠背包顶仿皮模、靠背包侧仿皮模等（图5-17）。把这些从样品沙发外套上拆下来，然后一件一件地放在出模纸上照画出模板。出沙发外套模最复杂也是最重要的一个环节，出模的难点都在这里，每一个模板都要准确，模板上的剪口一定要清楚，剪口在扶手包前、扶手包后、靠背后侧等有皱位、需要皱的地方尤其重要，漏了剪口就车缝不上，剩下那些没有出模的仿皮都以尺寸的形式记下来。

一套完整的模板应有单人、双人和三人沙发的模，以上完成的只是一张单人沙发的模板，双人、三人的模板通常只是中间加长就可以了。但是图5-18、图5-19的沙发，靠背包位置并不是中间加长那么简单，还得把双人和三人沙发的靠背包拆下来，然后出靠背包海绵和靠背包的外套模板，双人和三人沙发的后皮、座包后仿皮、座架前仿皮中间加长就可以。

双人沙发加440mm，三人沙发加860mm。双人和三人沙发的座包都分成2个坐位，所以只出一边的座包外套模，就在单人沙发座包的外套模中间加长，靠背包顶仿皮双人加长440mm的一半（220mm），再加上一个接口150mm；三人沙发座包的外套模板也按照这个方法来出，这个方法后面有详细介绍。双人沙发的木架中间加440mm、

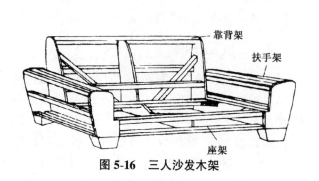

图5-16　三人沙发木架

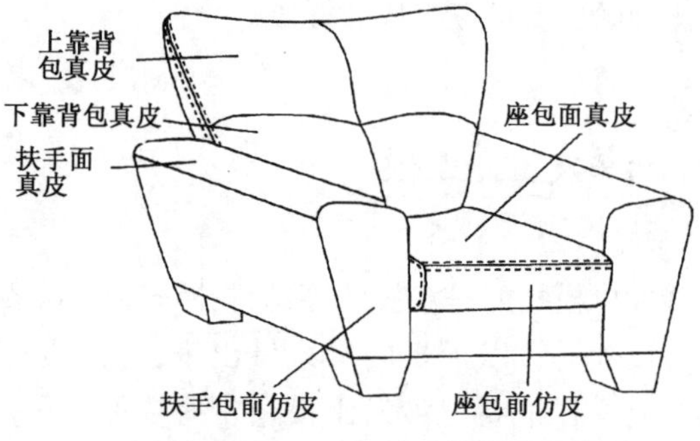

图5-17　单人沙发出模部位分解

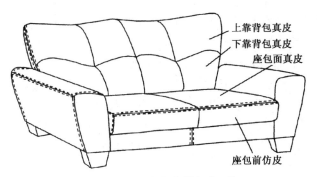

图 5-18　三人沙发出模部位（前）

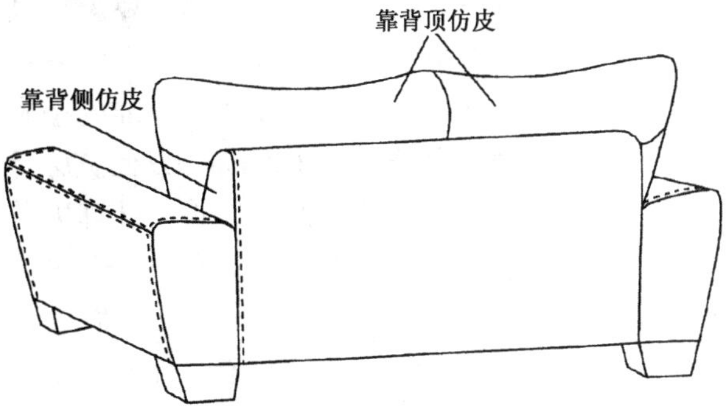

图 5-19　三人沙发靠背包出模部分（后）

三人沙发的木架中间加 860mm。如图 5-17 和图 5-18 所示，一套沙发的扶手海绵都一样，封后海绵、座架前、座包的海绵，双人和三人分别加长 440mm 和 860mm。"生搬硬套"出模完成后，就可用模板组织沙发生产。

（2）"以桃代李"法

以桃代李出模，要按一定的顺序进行。首先出沙发外套模，再出海绵模，最后出木架模。木架和海绵模可以用前面所述的方法做，因为木架和海绵都属于沙发内部结构，使用者从外面都看不见，就算拆坏了都可以修补好。有经验的师傅也不用全拆样品就能出好木架和海绵模板，不方便出模的位置，可以量尺寸，然后在出模纸上按夹板的形状来画模板。如图 5-20 所示，内架夹板模可分为靠背架夹板和座架夹板。首先以水平线为准，用直角三角尺贴在靠背夹板后面，看靠背架夹板后面是斜还是垂直。如果是斜的要算出倾斜的角度，然后再量出座架夹板底下的长度、前面的高度、后面的高度，以及上面的长度。还要量出靠背架夹板的后面的高度、顶部的宽度、底部的宽度，以及中间几个位置的宽度。最后，按图 5-20 所示，把上述的尺寸画在模纸上。剪下模板并标上木枋的位置，做好木枋位置的剪口并写

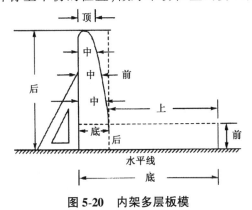

图 5-20　内架多层板模

上一套沙发所需要的数量。木架模有一些位置不好出模，可以通过量尺寸制出模板。

沙发外套模板是不能拆散的，拆坏了就无法修补，重新车缝时也很难跟踪到原针孔的位置，所以只能用胶纸来代替出模。

出沙发外套模的时候，先不要急着拆沙发，凡胶纸能印（复制）到的位置尽量在样品上把模印下来；不方便印的位置才拆，为了不让胶纸移位，要用别针扎在线孔上固定好。画的时候要小心，不要让双头笔墨水搞脏沙发外套。画好的胶纸剪下来，代替皮样在开模纸上出模。由于胶纸画到的范围不是皮模全部，所以出模时就得多加大一个接口位。通常接口尺寸是 12mm，厚皮沙发是 18mm，按照这个方法，把沙发外套模做好。出沙发外套模要一块跟着一块，如果有一块模有问题，那就无法出下一块，单人沙发的模板出好了，出双人和三人的靠背包的模就不用拆样品，只用胶纸印下来就可以。

其他的模板也跟前面所述的方法一样，双人沙发中间加 440mm，三人沙发中间加 860mm，以桃代李的出模法完成后，要用仿皮放出沙发实样，经检查没问题了，才可以投入批量生产。其他的出模放样方法，在下面的章节里会有提及。

5.2.2　看图出模

看图出模和成品出模不同，看图出模没有现成的沙发样品，沙发的所有尺寸都要按一定比例放大，并且要放出坐感舒适的沙发样品。如果是照相机拍摄的图片，或者是杂志上的图片，上面的沙发尺寸、木架结构、海绵用法都要经过计算和构思，然后按照这些尺寸和构思在开模纸上画出沙发的正、侧视尺寸比例图。如图 5-17 所示，先计算沙发的高。一般沙发座高以 430mm 为标准，

以这个标准为基础再计算扶手的高度、座架前高度、沙发脚的高度以及靠背的高度。有了沙发高度尺寸，再计算沙发的宽度，以沙发标准的座宽为例，图 5-17 沙发的座宽是 600mm，以此宽为标准再计算扶手的宽度和沙发脚的宽度。计算方法是：用尺子在图样上量得座宽 60mm、扶手宽 28mm。量好尺寸，可依此计算扶手放大后的尺寸。算法是：60∶600 = 28∶B，最后计算扶手的宽是 280mm，其他位置的尺寸也按照这个方法计算。当然这个图例是以 1∶10 的比例来扩大，但并不是所有的沙发图片都是这个比例。有的比例更小或者更大，但是沙发的尺寸还是这样计算，如果是设计的沙发图样，那沙发图样就已经有了沙发的正、侧视尺寸比例图，开模的时候只要把这两个尺寸比例图扩大了，画在开模纸上就可以放出沙发的模板，扩大尺寸比例的计算公式是：$a∶A = b∶B$，式中：a、b 为图样上的沙发尺寸，A、B 为沙发的实际尺寸。

5.2.2.1 木架出模

木架出模是从正面、侧面和俯视面这 3 个角度去描画沙发的木架形状。按照沙发的尺寸比例图制出沙发不同位置的木架模板，图 5-17 所示款式的沙发只用正视和侧视尺寸比例图就可以制出木架模。

（1）木架正面模

首先在开模纸上画好沙发的正视尺寸比例图，所有的尺寸都要扩大 10 倍。由于沙发是对称的，图样只画单人沙发的一半就可以。扶手的木枋规格是 25mm × 40mm，装沙发脚的木枋规格是 30mm×80mm。画好沙发正视图，就可以把扶手的夹板模剪下来(图 5-21)。

（2）木架侧面模

出好木架的正面模，再把沙发的侧视尺寸比

例图画在出模纸上。所有的尺寸都扩大 10 倍。内架的木枋规格是 25mm × 40mm、20mm × 60mm、25mm × 50mm，木枋所用的位置如图 5-22 所示，然后把沙发内架夹板模剪下来。

正、侧面的木架模分别有：扶手架前夹板模、扶手架后夹板模、沙发脚模、内架夹板模。木枋的规格和用法如图 5-16 所示。木枋的尺寸可以从正、侧面的尺寸比例图那里量出来。

5.2.2.2 海绵出模

海绵的规格和用法在沙发的正、侧视尺寸比例图中可以确定，但是要出海绵模，要先有木架，有了木架才可以出准确的海绵模。出海绵模要按一定的顺序进行，先出坐位、再出扶手，然后出靠背架，把扶手安装上去后出靠背包海绵模。扶手架的海绵应先出扶手架前海绵模，然后出扶手架后海绵模，再出扶手架外海绵尺寸，最后出扶手架上的海绵模。扶手架前、架后的海绵模可以用夹板模来照画，只是模底下和模内位置都要加大 30mm，这样才可以把木架包住(图 5-23)。

喷胶棉模只出靠背包模就可以，扶手和座包需要量尺寸。要注意包海绵用的喷胶棉包盖的范围：靠背包要包到仿皮接胶水布处，扶手包的扶手面；座包要包到座前胶水布处，其他款式的沙发可按实际情况决定。

靠背架的海绵模应先出靠背架侧的海绵模再出靠背架后的海绵模，靠背架侧的海绵模也可以用内架夹板模制出。靠背包的海绵模是按沙发靠背包的形状切出的，把海绵切好再拿到出模纸上画模。靠背包海绵内装有公仔棉或者喷胶棉，也有装碎海绵的。靠背架和靠背包的海绵模如图 5-24所示。座架前的海绵和座包的海绵都是量

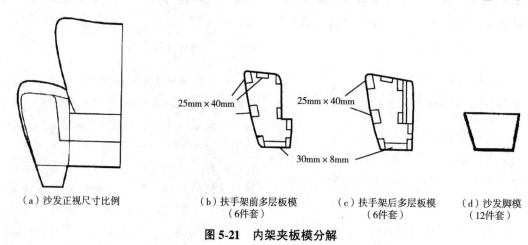

（a）沙发正视尺寸比例　　（b）扶手架前多层板模　　（c）扶手架后多层板模　　（d）沙发脚模
　　　　　　　　　　　　　　　　（6件套）　　　　　　　　（6件套）　　　　　　（12件套）

图 5-21　内架夹板模分解

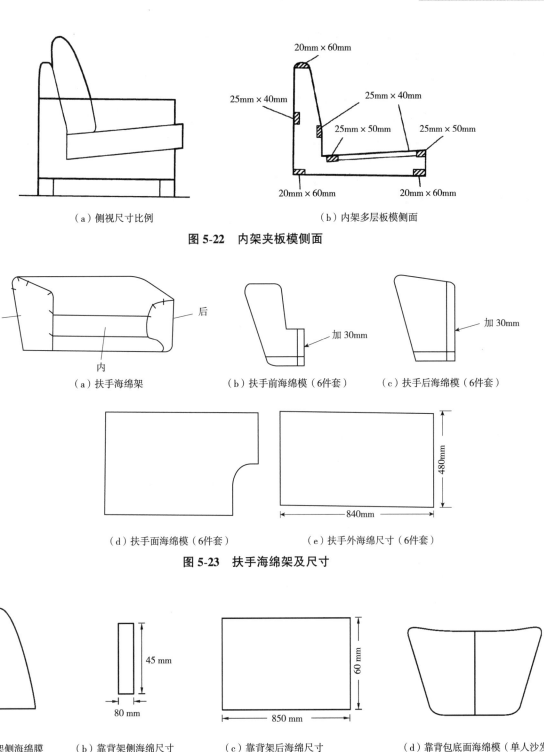

（a）侧视尺寸比例　　　　　　　　　　（b）内架多层板模侧面

图 5-22　内架夹板模侧面

（a）扶手海绵架　　　　　（b）扶手前海绵模（6件套）　　　（c）扶手后海绵模（6件套）

（d）扶手面海绵模（6件套）　　　　　（e）扶手外海绵尺寸（6件套）

图 5-23　扶手海绵架及尺寸

（a）靠背架侧海绵膜　　（b）靠背架侧海绵尺寸　　　（c）靠背架后海绵尺寸　　　（d）靠背包底面海绵模（单人沙发）
　　　　　　　　　　　　　　　　　　　　　　　　　　　　　　　　　　　　　　（注：开底模板只开一半）

（e）靠背内海绵围边模（单人沙发）　　　（f）单人海绵架　　　　（g）单人靠背包海绵（正面）
　（注：开底模板只开一边）

图 5-24　靠背架、靠背包海绵及尺寸

尺寸，但是座包夹心棉要注明斜四边，座架前和座包的海绵尺寸如图5-25所示。

（1）坐位海绵尺寸

座包底海绵是50mm厚32密度的中软海绵，座包中、座包面海绵是50mm厚35密度的软海绵，夹心棉是20mm厚30密度的中软海绵，座架前海绵是15mm厚24密度的海绵，座包是装海绵的，座包底、座包中、座包夹心棉和座包面海绵粘好后，座包海绵前从上往下向内斜切20mm，然后将其修圆。

（2）扶手海绵尺寸

扶手架前、扶手架后、扶手架外的海绵均是15mm厚24密度的海绵，扶手面的海绵是50mm厚25密度的中软海绵。

（3）靠背架、靠背包海绵尺寸

靠背架上所用的海绵均是15mm厚24密度的海绵，靠背包所用的海绵都是22密度的软海绵，但厚度有两种规格：30mm和50mm，海绵靠背包

内的空位放公仔棉。

5.2.2.3 外套出模

海绵在木架上粘好后，即可安装，这样就有了海绵架。然后用双头笔把海绵架子居中画线。画好中线，再用双头笔把应出模的位置画好，画好海绵架的一边就可以了。图5-26的沙发应出的外套模有：扶手前、扶手后仿皮模，扶手面真皮模，扶手内仿皮模，座包侧、座包前仿皮模，座包面真皮模，靠背架侧仿皮模，靠背包顶、靠背包侧、靠背包底仿皮模，上靠背包侧和下靠背包侧真皮模。这些模板位置不能在海绵架上全部画出来，只有边出模边补上去，再把扶手和靠背架、扶手和靠背包，扶手和座包，座包和靠背的被遮挡部分画线，被挡部分用仿皮代替真皮。但是真皮部分应该在被遮挡的线内加深50mm后接仿皮，才能保证不露出仿皮。

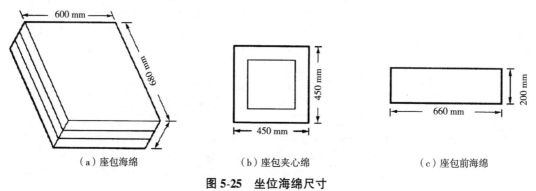

（a）座包海绵　　　　　　　（b）座包夹心绵　　　　　　　（c）座包前海绵

图5-25　坐位海绵尺寸

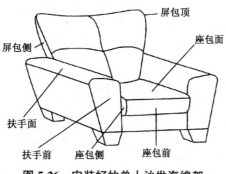

图5-26　安装好的单人沙发海绵架

出模前，先在海绵架上看一看，能够在海绵架上出模的一定要在海绵架上出，不方便在海绵架上出模的才把靠背包海绵、座包海绵、扶手海绵架等拆下来独立出模。图5-26的沙发是不能在海绵架上出模的，所以先把扶手海绵架拆下来，再把扶手内仿皮、座包侧仿皮、靠背架侧仿皮、

靠背包侧仿皮等模补画好，按顺序把整个扶手模出了，然后出靠背包模，把靠背包海绵和靠背架海绵分开，再出靠背架模、座包模，最后出座架尺寸。

（1）扶手皮套出模

把扶手海绵架从沙发海绵架上拆下来，进行扶手皮套出模，如图5-23和图5-27所示。把没有画好的扶手内仿皮模画好，在扶手前仿皮模画上剪口，其他模板也要画上剪口，模和线的交接处也要画上剪口，然后用胶水枪喷少许胶水，将无纺布套在要出模的位置，用双头笔画出模板线。取下无纺布剪好，然后在开模纸上按照无纺布的形状加大12mm的接口画好并画上剪口。剪下来后也要弄好剪口，就得到了一个模板。按同样方法制出其他模板，每制出一个模板都要和上一个或多个有直接联系的模板进行比对，检查交接位置是否合适，剪口

是否对好，长短是否一致。经过检查，每个模板都能对上，而且长短、大小都跟海绵架上的模一样，就可以出靠背位置的模板了。

（2）双人和三人沙发的出模

单人沙发的木架模、海绵模和外套模都出好后（图5-28、图5-29），可拿模板用仿皮进行尝试，看一看有没有需要修改的地方，经检查合格就可以出双人和三人沙发的模板了。按照图样尺寸和比例，双人沙发是在单人沙发的基础上中间加440mm；三人沙发也一样，中间加860mm。双人、三人沙发的木架可以在单人木架的中间加长，海

绵模和皮套模也可以在中间加长。但并不是所有的沙发都可以照加，有些双人、三人沙发的靠背包海绵模、外套模要等海绵靠背包做出后，才可以出海绵模和外套模。双人、三人沙发的海绵需要加长尺寸的有：靠背架后海绵、座架前海绵、座包海绵，靠背包海绵加长后要做出双人和三人沙发的靠背包海绵形状的靠背包海绵模。双人、三人沙发外套需要加长尺寸的有：后皮、靠背拉及靠背包下、座架前和座包后。靠背包的所有模板要从海绵模上做出来，座包前仿皮模在单人模的模中线加长再加一个接口（13mm）就可以。座包

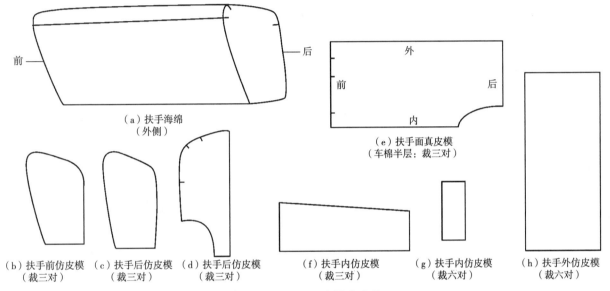

（a）扶手海绵
（外侧）

（e）扶手面真皮模
（车棉半层：裁三对）

（b）扶手前仿皮模
（裁三对）　（c）扶手后仿皮模
（裁三对）　（d）扶手后仿皮模
（裁三对）

（f）扶手内仿皮模
（裁三对）　（g）扶手内仿皮模
（裁六对）　（h）扶手外仿皮模
（裁六对）

图5-27　沙发扶手海绵套出模

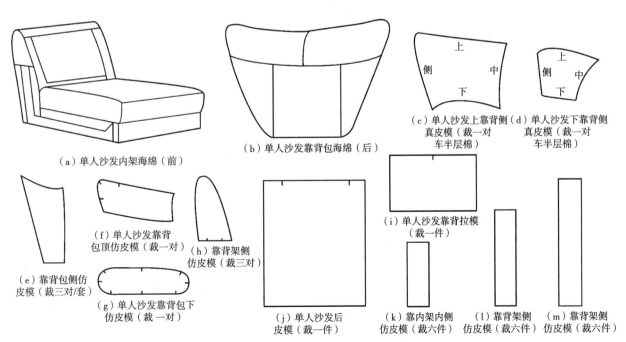

（a）单人沙发内架海绵（前）

（b）单人沙发靠背包海绵（后）

（c）单人沙发上靠背侧
真皮模（裁一对
车半层棉）　（d）单人沙发下靠背侧
真皮模（裁一对
车半层棉）

（e）靠背包侧仿皮模（裁三对/套）

（f）单人沙发靠背包顶仿皮模（裁一对）

（g）单人沙发靠背包下仿皮模（裁一对）

（h）靠背架侧仿皮模（裁三对）

（i）单人沙发靠背拉模
（裁一件）

（j）单人沙发后皮模（裁一件）

（k）靠内架内侧仿皮模（裁六件）

（l）靠背架侧仿皮模（裁六件）

（m）靠背架侧仿皮模（裁六件）

图5-28　单人靠背架、靠背包海绵及外套出模

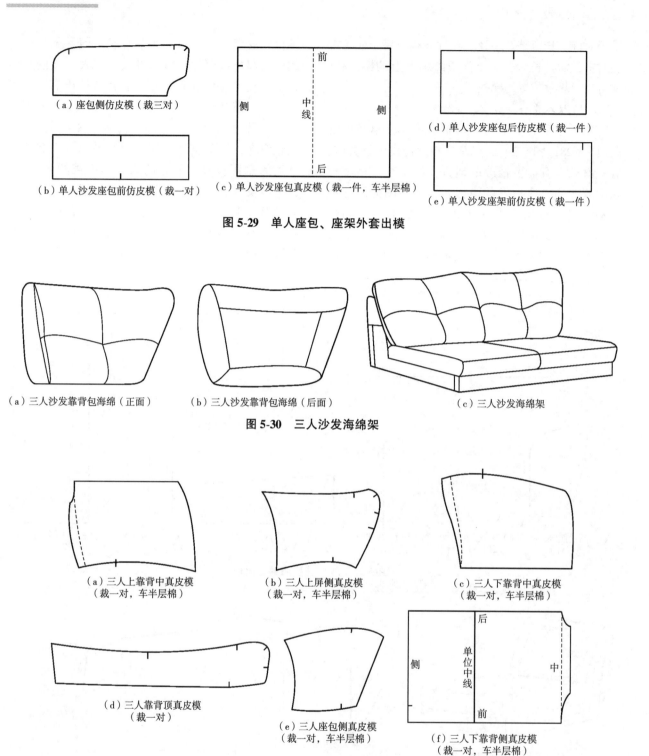

（a）座包侧仿皮模（裁三对）

（b）单人沙发座包前仿皮模（裁一对）

（c）单人沙发座包真皮模（裁一件，车半层棉）

（d）单人沙发座包后仿皮模（裁一件）

（e）单人沙发座架前仿皮模（裁一件）

图 5-29　单人座包、座架外套出模

（a）三人沙发靠背包海绵（正面）

（b）三人沙发靠背包海绵（后面）

（c）三人沙发海绵架

图 5-30　三人沙发海绵架

（a）三人上靠背中真皮模
（裁一对，车半层棉）

（b）三人上屏侧真皮模
（裁一对，车半层棉）

（c）三人下靠背中真皮模
（裁一对，车半层棉）

（d）三人靠背顶真皮模
（裁一对）

（e）三人座包侧真皮模
（裁一对，车半层棉）

（f）三人下靠背侧真皮模
（裁一对，车半层棉）

图 5-31　三人沙发靠背包、座包外套模

真皮模也加长和加一个接口，再加下座中凹下去的位置(30mm)，这样座包真皮模就出好了。这是一个比较特别的沙发例子，很多沙发都是直接用单人模板加长的，这里把三人沙发的木架、海绵和外套模演示出来(图 5-30 和图 5-31)，双人沙发也按这个方法做。

沙发的出模放样不是稍懂或者仅出过一套沙发模就会的，必须认识更多的沙发结构，掌握更多的沙发制作知识，再按照本书提供的方法，按照画沙发设计图样的步骤和沙发的出模过程，一步一步地把木架、海绵架和沙发外套的模板画出来。把整个沙发出模的过程练熟。沙发的款式虽然多，但是有了基础知识就可以驾轻就熟地做出更多的沙发样品。

5.3 沙发的打样

5.3.1 组木架

有了木架模，就可以开料。首先画多层板的模板，每套沙发大约需要6块9mm多层板。所用多层板的规格是：920mm×920mm。

先把沙发模板画满，用小铁钉或大气枪在模板的外边钉牢，然后通过带锯机开料；如果板材太大无法通过带锯机，可先在台锯机上将木料锯开，再用带锯机锯。锯的时候一定要按画好的线锯，同时也要锯好钉木枋位的缺口。

木枋的规格是：25mm×40mm、25mm×50mm、20mm×60mm、30mm×80mm；长度均是2000mm。把沙发各个位置的木枋按规格开好后还要注意分别摆放。木枋是用台锯机锯开的，先把木枋的一头锯平，然后在台锯上的一边定好尺寸位置，以一根短的木枋用铁钉固定好尺寸长度位置，批量的木枋均可按照这个尺寸开锯，根据不同的木枋长度，可把定位的短木枋钉在不同的位置。

制作木架要严格依照工序进行，如图5-32所示的木架，可以先钉扶手后钉内架，双人、三人沙发的内架还要用木枋或木板加固。扶手架加固是先钉好扶手底和扶手顶的三条木枋，然后再钉剩下的木枋；内架加固也是先钉内架底下两条木枋和靠背顶一条木枋，然后钉其他剩下的木枋。在此过程中还要检查木架是否四正，达到四正要求后，再钉撑枋（加强枋），最后钉上座架上的三角枋，双人和三人木架要钉加固板、撑枋和三角枋。

很多沙发都是先钉好内架，然后再钉与内架相连接的架，但有时也要根据实际情况确定。钉木架要按模板上的木枋位置钉。木架钉好后再钉加固木枋，然后打磨，最后交给其他工序的工人钉弹簧、罩橡皮筋以及封底布。单人沙发的座可钉3条弹簧，拉两条座橡皮筋；靠背架横拉4条和竖拉一条靠背用橡皮筋；靠背架后用底布封好，扶手架也要封底布。双人沙发、三人沙发的木架制作方法与要求可"按板煮碗"的方法把弹簧、橡皮筋钉好靠背后再把底布封上，这样就完成了造架的所有工作（图5-33）。

5.3.2 造海绵

检查全部海绵模板，弄清楚海绵尺寸与规格，这样海绵开料时可以做到又快又省。

按照模板规格，将符合密度要求的海绵按模板画好线，用海绵刀或电动裁机裁切。裁切时握刀的姿势要正确，刀和海绵表面一定要垂直。如果不垂直，裁出后的海绵底部就会有偏差；如果是几层海绵叠在一起裁切，偏差就会更大。开海绵料时，要将海绵料的一边画为直线，另一边画直线，使相交的两条直线互成直角，然后以这两条直线为边，量出需要的海绵尺寸。开好海绵料后就把海绵料粘到木架上，一般第一套海绵架制作要比照样品或者在师傅的指导下进行，粘海绵架如图5-34和图5-35所示。

（1）扶手的粘法

先把扶手前、后海绵粘好，然后粘扶手外海绵，再粘扶手面海绵，最后把扶手面海绵刷一刷并修圆。

（2）座包的粘法

先把座包底两块海绵粘好，再把夹心棉粘上去，然后把座包面的海绵粘上去，最后把座前部分的海绵修圆［图5-35（a）］。

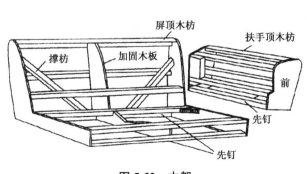

图5-32　木架

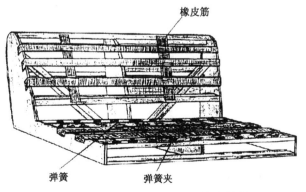

图5-33　弹簧、底布和橡皮筋的拉装

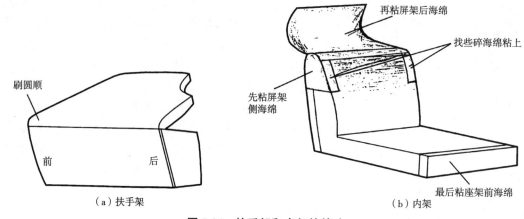

图 5-34 扶手架和内架的粘法

（a）扶手架

（b）内架

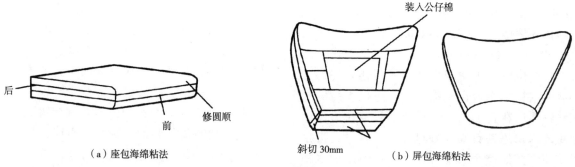

图 5-35 靠背海绵的粘法

（a）座包海绵粘法

（b）屏包海绵粘法

（3）靠背包海绵的粘法

先把靠背包底的海绵放好（50mm 厚），喷上胶水后把围边的海绵粘上去，靠背顶 30mm 厚，靠背底 80mm 厚。按图 5-35 所示修圆。再在靠背内空出来的位置装进公仔棉、喷胶棉或海绵碎，然后把靠背包面的海绵粘上去，最后还要在靠背包顶和靠背包的两侧"抓边"（指在海绵的周边喷上胶水，然后把较厚的海绵粘成一条边）。抓好边后，把靠背包海绵的下面部分由内往外斜切 30mm［图 5-35（b）］。

5.3.3 裁 剪

裁皮（裁沙发外套）和开海绵一样，都要先把模板弄清楚，并且把仿皮模和真皮模区分开。画真皮要先画大的模板（仿皮也一样）；接着再画尺寸小的模板，这样可以节省材料，达到降低成本目的。裁仿皮和剪喷胶棉比较容易，但是有些仿皮需要裁横的纹理，例如：扶手前、扶手后、靠背包侧等，这些在裁皮时都要特别注意。

裁真皮就比较麻烦，没有工作经验的人，工作时出问题就出在裁真皮这一工序上。通常大批量购买回来的皮料形状不很规则的，表面难免也会有破损的地方，所以裁真皮时首先要检查皮料的表面和底面。一定要把皮料整块铺开，用手往左右、上下的两个方向交叉地拉一拉，然后认真地检查皮料的每一处，有破损的地方用划粉打上记号，检查完毕才可以摆模板。先把模板左右摆放，选择合适的位置才按模板画线，并用脚把模板踩住，避免模板移位。

画好线后还应检查有没有漏画或多画的线，经检查没有问题，才可以将皮料沿划粉线以内剪下来，为保证真皮质量，最后还要搞好皮料清洁。如果发现有皱褶，还应用熨斗熨一熨。

5.3.4 车 缝

车缝工从裁剪处领来材料后要先进行检查，经检查没问题才可以开始车缝。如图 5-36 所示，先车缝扶手。车缝扶手的工序是：先在扶手真皮上车缝一层喷胶棉，然后连接扶手内仿皮并压线，再连接扶手外仿皮。压好双线，整个扶手面的皮罩就车好了。紧接着把扶手前和扶手后的仿皮车上并压好线，这样一边的扶手外套就车好了，接着按照这个方法把其他的扶手外套车好。

（1）坐位皮套的车缝

如图5-37所示，先把座包真皮车上喷胶棉，然后连接座包前仿皮，并压双线。连接座包后仿皮压单线，再把座包侧的仿皮车上去后压单线，这样座包的外套就车好了。最后车上座架前仿皮，座包前要车胶水布和拉布，这样单人沙发座外套就车好了，双人沙发和三人沙发座外套的车法也一样，只是座包真皮的中间要车拉布。拉布的两边要放胶水布，胶水布宽约200mm。

（2）靠背位皮套的车缝

先车缝靠背架的皮套（图5-38至图5-40），在后皮的上面两边连上靠背架内仿皮，再车上靠背架拉皮，把这些仿皮车好后，再把靠背架侧仿皮车好。在靠背架侧的仿皮模下的两边车上靠背侧的两个尺寸仿皮，尺寸长的仿皮车外边，短尺寸的仿皮车里边。把靠背架侧车好后，再跟后皮的仿皮连接，最后压单线，靠背架外套就车好了。

单人沙发靠背包的车法是先把单人沙发的真皮车上棉，然后把上靠背的两块真皮先连接车好，再把下靠背的两块真皮接好。接着把上、下靠背真皮连接起来，靠背中车一条拉带。靠背包的正面车好后，再车靠背包后面的仿皮，靠背包顶仿皮的两边都车靠背包侧仿皮、然后压单线。车好靠背包后的仿皮，就和靠背包正面的真皮连起来车。靠背顶对靠背顶，靠背侧对靠背侧地车好后压双

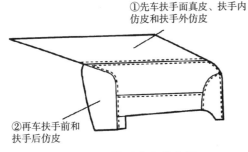

①先车扶手面真皮、扶手内仿皮和扶手外仿皮

②再车扶手前和扶手后仿皮

图5-36　扶手皮套的车缝

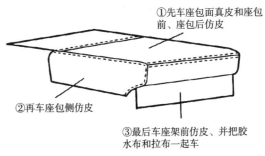

①先车座包面真皮和座包前、座包后仿皮

②再车座包侧仿皮

③最后车座架前仿皮、并把胶水布和拉布一起车

图5-37　坐位皮套车缝

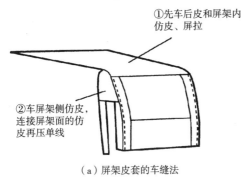

①先车后皮和屏架内仿皮、屏拉

②车屏架侧仿皮，连接屏架面的仿皮再压单线

（a）屏架皮套的车缝法

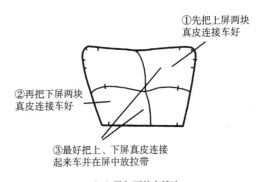

①先把上屏两块真皮连接车好

②再把下屏两块真皮连接车好

③最好把上、下屏真皮连接起来车并在屏中放拉带

（b）屏包面的车缝法

图5-38　靠背包皮套的车缝

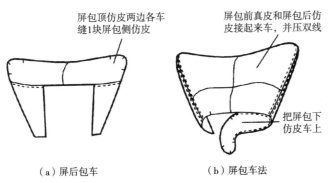

屏包顶仿皮两边各车缝1块屏包侧仿皮

屏包前真皮和屏包后仿皮接起来车，并压双线

把屏包下仿皮车上

（a）屏后包车　　（b）屏包车法

图5-39　靠背包的车缝方法

图5-40　靠背位置皮套车缝

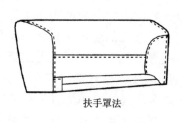

扶手罩法

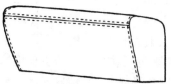

在扶手海绵架上铺上一层喷胶棉，
然后把扶手外套往海绵架上套，套
好就可以打枪钉，把扶手罩好

图 5-41　扶手皮套的罩法

图 5-42　坐位外皮套的罩法

线，最后车上靠背包下仿皮再压单线，这样整个靠背包外套也就车好了。

靠背架外套和靠背包外套都车好了，然后把这两个外套连接起来车，放一圈胶水布。靠背顶放800mm 长的拉布，这样靠背位置的外套就车好了，双人沙发和三人沙发的靠背外套也照这种车法，只是靠背包的中间要车上拉布，拉布的两边要车上宽200mm 以上的胶水布。全部车好的沙发外套要进行检查，把外套露在外边的线剪掉，如图5-40 所示。

5.3.5　罩　装

沙发进行罩皮之前也要先仔细地检查皮套，看看皮套有没有破损和脏污，该车的胶水布、拉布和拉带都车了没有，车上了还要检查它们够不够长，够不够宽。不单要检查皮套，还要检查海绵架，看海绵有没有粘好。罩沙发套也要按一定的顺序来罩。如图5-41 所示，应先罩扶手。先在扶手海绵架上铺一层喷胶棉，然后把扶手外套反过来，再套上去，把皮套拉到位。扶手饱满看起来和扶手图样一样，就可以用气枪在扶手架底下的木枋打上枪钉，罩好一边扶手，紧接着可罩其他的扶手，并把三对扶手罩好。

罩好扶手就可装座包海绵，同样也是先把座包海绵铺一层喷胶棉，然后装进座包皮套，把座包前面的线条拉到位。如图5-42 所示，再用胶水枪在座前的胶水布和海绵上喷点胶水，把胶水布粘在海绵上，然后套上座架，如图5-42 那样罩好。

座包罩好后，在靠背包的海绵上包上喷胶棉，然后装进靠背包内。如果靠背包顶的靠背角上装得不饱满，可以塞点喷胶棉，使装出来的靠背包显得更饱满。把胶水布粘好，再在靠背包中的拉带位置把海绵剪开一个口，把拉带拉过来，再把靠背顶的拉布剪成一条一条的拉带，在靠背架的两侧放点棉料后，再把皮套套上去，把皮套拉到位，使靠背架和靠背包看起来如图5-43 所示的沙发一样。这时就在仿皮和木板的连接处打好枪钉，并把拉带拉好。罩好了靠背位置的皮套，最后就是安装。用风批（气动螺丝刀）和螺钉，将两边扶手安装在沙发内架上，封上底布，把沙发脚装好，在沙发脚底上打上胶钉，整张沙发就罩好了（图5-44）。

双人和三人沙发的罩装方法都一样，双人和三人沙发的靠背包、座包在装包过程中，靠背包中、座包中的胶水布要粘好并且拉布要拉紧。一套沙发罩装好以后，再把清洁搞好并用胶纸袋套好（图5-45、图5-46）。

最后的工序完成后，整个生产过程就完成了，剩下的工序就是包装、运输和销售。在此不多赘述。

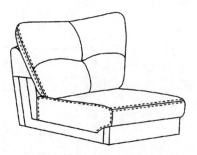

图 5-43　靠背包皮套的罩装法

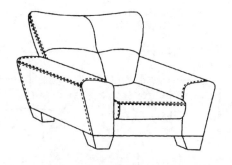

图 5-44　罩装好的单人沙发

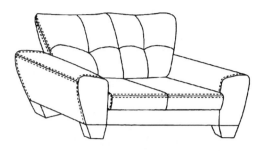

图 5-45　罩装好皮套的双人沙发

图 5-46　罩装好皮套的三人沙发

5.4　沙发出模实例

前面学习了看图出模的基本方法，现在分别以厚皮沙发、薄皮沙发、布艺沙发、办公沙发、办公椅，以及软体床这些比较常见的家具样品为例，进行出模方法与步骤的分析。

软体家具看图出模的具体步骤如下：

①研究照片里图样的结构、材料、配件和制造方法。

②用尺子在照片上量出图样所需要的尺寸，运用公式 $a:A=b:B$，算出图样的实际尺寸。

③运用正视面、侧视面、俯视面的出模法在出模纸上画出图样的实际尺寸图。

④出好图样的木架模、海绵模和外套纸模。

⑤经过造架、造棉、裁剪、车缝等工序，把外套罩装好，并预算样品所需的材料，方便购买材料。

⑥检查样品，如不需要修改就可以正式投入生产。

⑦在样品生产过程中要进行跟踪，发现问题及时纠正，并对关键工序做技术性的指导。每一道工序完成后都要进行质量检查，并记下验收的规格，方便以后批量生产时验收。

⑧最后做出样品实际所用材料的报告单，以便计算样品成本。

掌握了以上步骤，就可以按照这些工序对下面的图样进行具体出模分析。

5.4.1　厚皮沙发

制造厚皮沙发所需的工具要多一些，如：铲皮机、压大线机、压字机和冲子。图 5-47 所示的厚皮沙发是配色沙发，在出外套纸模的时候，一定要在纸模上写上"配色"两字，主色的纸模不用写，其他的配色沙发都要按这个做法来做。

厚皮沙发除了压线之外，靠背顶上要穿皮条，皮条宽约 10mm。这是用胶水粘好后的宽度，没粘好的皮条宽 20mm，经铲皮机铲薄之后，在真皮底上喷上胶水，两边往里粘 5mm 得到的，需要穿皮条的纸模要预先用冲子打好孔的位置，这样方便裁皮的时候划线。

具体的方法是：在距纸模外边沿 40mm 处划线，然后顺着线边打两个间隔 10mm 的孔，再隔 20mm 打上 2 个间隔 10mm 的孔。以此类推，按 20mm 的距离打 2 个间隔 10mm 的孔，一路顺着线的外边沿打完需要穿皮条的纸模边。这是打穿皮条孔位的一种方法，当然还有按实际需要打孔位的方法。

厚皮沙发一般体积较大，有的住宅门口窄小，可能沙发搬不进去，所以很多厚皮沙发都做成组合式——可以拆装的沙发（图 5-47）。安装的时候要用螺栓连接，不能用螺钉连接，底布要车上拉链，把拉链拉开就可以把整张沙发拆散。凡是太大件的软体家具都要做成可拆装的。这需要发挥自己的想象力并结合所掌握的沙发结构知识进行分析，然后开展以下工作：

①用尺子在图片上量出沙发尺寸：结合公式 $a:A=b:B$ 量出 a 和 b 的尺寸，即扶手宽度和高度，沙发脚的高度、座的宽度和高度、座前的高度、靠背的长度和高度等，运用公式算出实际尺寸 A 或 B，用正面尺寸比例图把沙发的正面画在出模纸上。

图 5-47　厚皮沙发

②这款沙发的海绵用量为：扶手面用 30mm 厚的海绵，其他位置用 15mm 厚的海绵，靠背位置用 80mm 厚的海绵，靠背顶用 50mm 厚的海绵，封后用 15mm 厚的海绵；坐位用 130mm 厚的海绵，座前用 15mm 厚的海绵。海绵的密度可用高的也可用稍差的低密度海绵，这要由产品市场价位来决定。

③有了沙发各部位的海绵厚度，在用沙发正视面尺寸比例图画扶手形状时，把海绵厚度减去，剩下的就是扶手前夹板模尺寸。在正视面尺寸比例图中，还可以得到靠背侧的夹板模和座前木架的高度以及沙发脚的纸模。

④通过侧视面尺寸比例图，可以得到扶手长度、靠背内架夹板模和座内架夹板模，内架模由靠背内架模和座内架模组合而成。靠背内架夹板模是在侧视面尺寸比例图中画好。按照沙发靠背位置的圆弧形状，靠背顶减去 50mm 海绵，靠背前减去 80mm 海绵而得到。坐位置的夹板模也是按座面的位置画好的，所用的尺寸是：座前高 430mm、座深 530mm、座的斜位是 50mm，然后减去海绵 130mm 的厚度和沙发脚的高，以及座架前的厚度便可以得到。木架出好纸模后就可以造架，造架一般可用 20mm×40mm、40mm×40mm 和 20mm×60mm 的木枋。厚皮沙发木架中的靠背架后、扶手前和扶手内外侧都要封上 3mm 夹板，沙发座的位置钉弹簧和拉橡皮筋；靠背架前拉橡皮筋和钉弹簧，也有的靠背架前不钉弹簧。海绵模要准确，因为厚皮没有什么弹性，海绵架粘得好，出的皮模就准确。在修整得跟罩装好的沙发一样的海绵架上画出需要出皮模的线，然后出外套模板，用无纺布在海绵架上画出模板，剪好后放在出模纸上，周围增加 18mm 的接口位，厚皮的接口是车进 18mm 深。

⑤外套模出好后，就可以拿去裁剪厚皮，裁好的厚皮要铲边，粘上 5mm 的海绵。真、仿皮都要粘海绵，并把靠背顶的皮条穿好。做好这些工序后，便可以进行车缝。厚皮沙发需压大线，看不见的地方也可以压 6 股线。

⑥厚皮沙发外套的罩装方法：先在海面架的靠背顶位置铺一层喷胶棉，然后套好皮套。皮套套好后，把皮套掀起来，往里面喷胶水并粘牢。有中线的地方先把中线粘直，随后粘两边，一般是靠背前、座面和扶手面要粘胶水。也有很多厚皮沙发不用粘胶水，只把扶手外套罩装好，装上压板。扶手压板是 25mm 厚的中密度纤维板，打磨后用仿皮粘牢，靠背和座装好后再把扶手装上去，最后打底布及安装沙发脚，沙发脚是用 50mm 厚的木板经过加工后用仿皮粘好的。沙发整个外套罩装好后，再把剩下的一些工序完成，这款沙发就可以进行批量生产了。很多有经验的出模师傅出模不用仿皮试模，而是直接出模。

5.4.2 薄皮沙发

如图 5-48 所示为一款薄皮沙发，靠背架和靠背包、座架和座包、扶手架和扶手包分别为分体式，靠背包、座包和扶手包都需要装海绵包。木架是靠背架和座架分开钉架，而扶手架和座架连在一起钉架。配件有扶手两侧的红木和座前红木，还有红木底架、红木脚，红木脚下还装有不锈钢脚。

如图 5-47 所示厚皮沙发的靠背包、座包和扶手为压线，如图 5-48 所示薄皮沙发的靠背包、座包、扶手包为压大边（车好接口后，从里面反过来，在里面 12~15mm 处车缝一行线），大边通常宽 12mm，也有的大边宽 15mm 或更宽。如果是压大边，出纸模的时候压 12mm 的边，连带留接口 12mm 一起，共车出 25mm 宽的接口位，压 15mm

图 5-48　薄皮沙发

的边，连带 15mm 接口共车出 30mm 的接口位。

这款薄皮沙发所用的海绵规格分别是：靠背包 80mm 厚、座包 130mm 厚、扶手包 80mm 厚，其他部位全部用 15mm 厚的海绵。

搞清楚了薄皮沙发的用料、做法和结构，就可以量尺寸，套用公式：$a:A=b:B$，算出扶手宽和高、靠背的高和宽，以及沙发脚高和架前各部位的尺寸，如红木底框的厚度，扶手前红木的高度和厚度。

有了尺寸就可以在出模纸上画出沙发的正视面尺寸比例图。通过正视面尺寸比例图，可以制出扶手前夹板模、扶手后夹板模、木架前夹板模、架前红木模、沙发脚板模等，还可以计算出内架木枋尺寸，画出沙发的侧视面尺寸比例图。通过这个比例图，可以得到靠背架夹板模、靠背架侧板模、座架夹板模，还可以计算出扶手木架长度、扶手侧红木底架深度等。最后画沙发的俯视面尺寸比例图，通过这个比例图可以制出靠背架顶的木枋模和红木底架的框架模。

有了木架模和木架的木枋尺寸，就可以按照本书所教的出模步骤把这款薄皮沙发罩装好，并且投入批量生产。

5.4.3　办公沙发

办公沙发也属于薄皮沙发，一般多用黑色皮革。办公沙发因为占地面积不多，造型上小巧玲珑，所以合适在小面积的办公室里摆设。

图 5-49 所示办公沙发的结构是：靠背架和座架连在一起，扶手分开造架，沙发前和沙发后的红木配件都一样，侧边用不锈钢连接起来；靠背包和红木架前都安装了不锈钢条。这款办公沙发的安装方法是先把扶手安装到靠背架和座架上，然后安装沙发前后的红木、并把扶手侧边的不锈钢条装好。

这款办公沙发的靠背包和扶手包都需要装海绵包，坐位置的海绵先粘在座架上，然后用座包

皮套罩装好。沙发海绵规格是：靠背包 80mm 厚、扶手包 60mm 厚、坐位置 130mm 厚，靠背架后、靠背架侧、扶手架前、扶手架后，侧边全部用 150mm 厚，海绵可以用前面举例的密度。

沙发的靠背包、扶手包不是压线也不是压大边，而是"碌骨条"。碌骨是裁一条宽 50mm 的皮条包上一条胶心或灯芯绳，然后再把电动缝纫机的压脚换上单边压脚或者专车骨条的压脚，连带靠背包和扶手包的皮套一起车好。骨条有粗细之分，粗骨条的皮条要裁宽一些，细骨条可以裁细一点的皮条。经过确定，就可以量尺寸。

运用公式：$a:A=b:B$ 算出扶手位置的高和宽，靠背的高和宽以及红木架脚的高度等。

最后在出模纸上画出沙发的正视面尺寸比例图，扶手的形状，减去海绵的厚度就得到扶手前、扶手后夹板的模和红木模。再画好座的高度，减去座海绵 130mm 的厚度，就得到座前木架的高度和内架木枋的长度。木枋可用前例相同的木枋规格。最后再画沙发的侧视面尺寸比例图，从图中可制出内架夹板模和靠背架侧夹板模，同时计算出扶手木枋长度和侧边不锈钢长度，木枋长度是减去两头夹板厚度，得到 9mm 即为木枋长度，实际夹板可按 10mm 计算，两头夹板共 20mm。有了木架模就可以动手造架和粘海绵架，然后用无纺布印下所有的外套模，并将红木模和不锈钢模拿去加工，最后按照出模的其他步骤把沙发样品做出来。

5.4.4　办公椅

办公椅也称为转椅或班椅，而它又分大班椅、中班椅和小班椅。大班椅和中班椅用黑色真皮做面料，小班椅用布或麻绒做面料，也有用真皮、西皮或仿皮做面料的。办公椅一般由五星脚、气杆(或螺杆)、防尘套、底盘、扶手、座和靠背等构成。办公椅的出模方法也和沙发出模一样，但是在安装时要求更准确。底盘的螺杆孔位、安装扶手的角码位置的孔位稍有偏差就会使各部件安装不上。

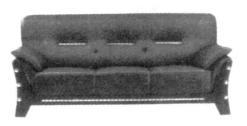

图 5-49　办公沙发

如果办公椅看图出模，首先要了解办公椅的结构和制造方法，搞清楚它们是制造木架还是用弯板造架。弯板是已压好形状的夹板，在专业市场有售，夹板购回后有的需要改小，有的可以直接使用，可直接使用的夹板不需要出内架模，只出海绵模和外套模就可以。

图 5-50 所示的办公椅需要制造内架，内架包括靠背架和座架，内架的侧边还有压板。这款办公椅的靠背和座同样是碌骨条的，压板的围边也有骨条，靠背正面凹进去位置的真皮下面车有 20mm 厚的海绵，海绵底下粘有底布，靠背的顶、侧和下的位置，以及座面位置的真皮可以车 10mm 的海绵，也可以车半层的喷胶棉。靠背的侧边、封后、压板仿皮、座侧仿皮等，可以不放其他材料直接车缝；座和靠背的海绵尺寸，也是减去里面的架子尺寸或弯板尺寸而得到的。大多数办公椅都是采用夹板加工而成的弯板做内架。

办公椅结构、所用海绵和车缝法等确定后，就可以测量尺寸并用公式计算。计算出靠背的高、宽以及座的高宽等。一般办公椅座深 530mm，当然也可以按照片上的办公椅实际深度来决定。座的高度与气杆（或螺杆）的高度有很大关系。购回的气杆（或螺杆）有长短，有的座高可以升到 520mm，用户利用气杆（或螺杆）可以把坐位升高或降低。座宽也是按需要决定，图 5-50 所示的座宽 550mm。尺寸计算准确后就可以在出模纸上画出办公椅的正视面尺寸比例图。按照图片里的办公椅靠背形状，再根据实际尺寸就可以得到办公椅靠背的正视面形状模和扶手红木的正视面宽度。

图 5-50 办公椅

然后再画办公椅的侧视面尺寸比例图，从中可以得到办公椅的内架夹板模或者弯板的弧位模。按照这个圆弧位形状到专业配件材料市场去选购合适的弯板，也可以直接到专业弯板厂加工。在侧视面尺寸图里还可以得到扶手红木的侧视面形状模。如果市场上有这种扶手，可以直接买；如果找不到这种扶手可以通过加工定做，安装扶手的孔位和角码位置也在侧视面图里画好。有了模板就可以做出内架，内架经过打磨，再把安装底盘的孔位钻好，打上爪母，把安装扶手的孔位钻好，最后粘海绵。粘海绵后要试坐一下，做出坐感舒服的海绵架子，然后用无纺布印下所有外套模板，外套模板出好后，按出模的其他步骤放出办公椅的样品。

5.4.5 布艺沙发

布艺沙发大多数是可以拆下来清洗和随意替换外套的沙发，且布艺沙发款式多样，深受广大客户的喜爱。图 5-51 所示的布艺沙发气派非凡，靠背包、枕头包、抱枕、座包、扶手垫都车缝了花边。枕头包和扶手垫还有桂球，靠背包和抱枕里面都装了公仔棉。公仔棉是用内袋装好的，内袋用无纺布车成，一般内袋要比外套大，所有裁好的布料都要用锁边机锁好边，然后车缝，防止布料散口。布艺沙发的接口位是 15mm 宽，靠背包、抱枕和座包面为同一种颜色的布；枕头包、座包前、扶手侧又是另一种颜色的布。其他位置的布料都用黑色，这些布料的颜色在出纸模时要特别写清楚。沙发前面安装了漂亮的配件，如花绳、镀金的金属制品和沙发脚。不管布艺沙发如何靓丽，其出模方法和步骤都一样。掌握了车缝方法，确定了海绵厚度，就可以量尺寸。

运用公式：$a:A=b:B$ 算出布艺沙发的实际尺寸，然后在出模纸上画出正视面和侧视面图。将该款布艺沙发的架前夹板模、扶手后夹板模、靠背顶弧位模、内架夹板模、沙发脚模和木枋尺寸等剪出和计算准确，按照书中介绍出模的程序做出布艺沙发样品。布艺沙发前面的花绳是用玻璃胶粘上去的，靠背包、抱枕用的公仔棉用量是要称一称，以后批量生产都要严格按这个重量装棉。

图 5-51 所示的布艺沙发中介绍了许多软体家具都用得到的制造方法。首先是出现了活动包——靠背包、扶手包和座包等可以随意取下来的活动包。有的活动包用拉链或魔术贴连接到架

图 5-51 布艺沙发

子上去，有的活动包什么都不用。如图 5-51 所示的布艺沙发，靠背包、扶手垫没有用配件使其与靠背架和扶手架相连接。有时座包也是只用魔术贴连接。接着就是座架不钉弹簧，而是拉橡皮筋。橡皮筋交叉拉多一些就能起连接作用，坐位用橡皮筋而不钉弹簧，是为了使座面更平整，以便放活动的座包。

最后是用公仔棉代替海绵，用公仔棉作材料制作的软体家具也称为软包家具，出软包家具的模，可以先用海绵做出软包模型，然后再放出外套模和内袋模。将内袋车好后再填入公仔棉，使装入公仔棉的内袋同海绵模型一样，此时大功告成。

复习思考题

1. 在沙发设计中，画立体图及平面图的步骤各有哪些?
2. 成品出模与看图出模有什么区别? 主要包括哪些方法与步骤? 请选择一件沙发成品和一幅沙发图片，分别利用成品出模与看图出模的方法，对沙发进行出模。
3. 沙发的打样步骤主要包括哪些? 各自的主要内容包括哪些?
4. 请简要概括一下沙发出模与打样有哪些基本要点。如何应用到实际生产中?

第 **6** 章
床垫结构

【本章重点】

1. 床垫功能尺寸及其构造。

2. 弹簧床垫的组成及其弹簧芯的结构类型。

3. 铺垫料、绗缝层的组成。

4. 水床垫、充气床垫、泡沫乳胶床垫及棕床垫的结构。

床垫是与人们生活关系最为密切的一类家具，人的一生当中有近三分之一的时间是在睡眠中度过的。1986 年美国的一项调查研究表明，7% 的睡眠障碍问题与床垫的使用有关。床垫的使用性能对使用者的睡眠质量、人体健康、休息效率等都有重要的影响，它们不仅取决于床垫材料本身，还取决于床垫的结构功能尺寸、构造形式以及人体工程学等综合因素。

因此，床垫结构设计应考虑上述卧姿时人体构造特点，在人体侧卧时，让脊椎保持水平，平均承托起全身的重量，符合人体曲线。另外，优质床垫还应具备以下条件：①刚性和柔性兼备。②吸湿和透气性好。③支撑和缓冲作用好。④在体压和体态变换时，身体所在部位限制不会影响同一张床垫上其他人的睡眠。⑤根据年龄和身体状况，床垫的软硬可以选择。⑥床垫对冬夏季节的适应性好。⑦床垫尺寸符合系列化和标准化。⑧使用符合环保要求的可靠材料，特别是弹性材料的耐久性好。

6.1 床垫的功能尺寸与构造

6.1.1 床垫的功能尺寸

床垫尺寸对使用功能的影响很大，人的体形

不同、要求不同，床垫尺寸也不相同。根据人体工程学相关理论，床的功能尺寸可以根据以下数据进行计算（图 6-1）。

（1）床宽

人处于入睡状态时约需床宽 50cm，熟睡后需要频繁翻身，通过摄像机对睡眠时的动作进行研究发现，不论是软床还是硬床，翻身需要的幅宽为肩膀宽度的 2.5~3.0 倍。

即床宽 $W = 2.5 \times W$，$W =$ 肩宽（男 $= 43cm$，女 $= 41cm$），床宽可以根据这个数据适当增加。

通过脑波观测睡眠深度与床宽的关系，我们还发现床宽的最小界限应是 70cm，小于该宽度时，翻身次数减少，使人不能进入深度睡眠状态；床宽小于 50cm 时，翻身次数减少约 30%，睡眠深度受到明显影响。

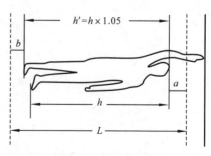

图 6-1 床的尺寸

（2）床长和床高

人体工程学试验表明，床的长、高尺寸可以参考以下公式计算：

床长 $L = h \times 1.05 + a + b$（$a$、$b$ 为床头、床尾余量，$a = 10cm$，$b = 5cm$）；

床高 $H = 40 \sim 60cm$。

根据以上关于床尺寸的计算方法，结合人体尺寸，确定我国和日本、美国的弹簧软床垫分别用以下尺寸作为常规尺寸（表6-1至表6-3）。

当有特殊要求或合同要求时，各类产品的主要设计尺寸由供需双方在合同中明示。

表6-1　中国弹簧软床垫基本尺寸　　　　mm

床垫品种	长度 L	宽度 W	高度 H
单人	1900 1950 2000 2100	800	≥140
		900	
		1000	
		1100	
		1200	
双人		1350	
		1400	
		1500	
		1800	

注：此表摘自轻工业标准 QB 1952.2—2004《软体家具　弹簧软床垫》。

表6-2　日本弹簧软床垫基本尺寸　　　　mm

床垫品种	长度 L	宽度 W	高度 H
单人	1950	970	≥140
		1200	
双人		1400	
		1600	

表6-3　美国弹簧软床垫基本尺寸　　　　mm

床垫品种	长度 L	宽度 W	高度 H
单人	1900 2020	970	≥140
		1350	
双人		1530	
		1930	

6.1.2　床垫的基本构造

床垫的特性在于缓冲性，主要由弹簧、海绵等填充材料来实现。但是单一的材料很难获得很好的缓冲性，应该利用复合结构来改善床垫的缓冲性能。因此，床垫的基本构造一般为三层（图6-2）：①最上层 A 是与身体接触的部分，必须是柔软的，可用棉质等混合材料来制造；②中间层 B 应有相当的硬度，以保持人体正确的卧姿，保证人体水平移动，可由海绵、羽毛等压制而成；③最下层 C

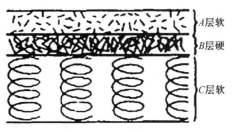

图6-2　床垫的三层结构

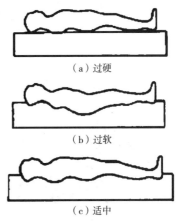

（a）过硬

（b）过软

（c）适中

图6-3　床垫的软硬

起承托 B 层，吸收和减缓人体冲击力，具有一定的弹性，一般由弹簧、棕垫等缓冲吸振性较好的材料制作。床垫的结构决定了床垫的软硬（图6-3）。

6.2　弹簧软床垫结构

弹簧软床垫是以弹簧及软质衬垫物为内芯材料，外表罩有织物面料或软席等材料制成的卧具。弹簧床垫对身体支撑力的分布比较均匀合理，既能起到充分的承托作用，又能保证合理的脊柱生理弯曲度，且具有良好的透气性和抗冲击性。

6.2.1　基本组成

根据床垫的三层构造原理，理想的弹簧床垫从下到上依次分为三层：弹簧芯、铺垫料（辅助材料）以及绗缝层（复合面料）。图6-4、图6-5所示为弹簧软床垫的结构。

弹簧软床垫具体包括以下基本组成：

（1）绗缝层（复合面料）

绗缝层是将纺织面料与泡沫塑料、絮用纤维、无纺布等材料绗缝在一起的复合面料层。位于床垫最表层，直接与人体接触，起到保护和美观的作用，也能够分散承受身体重量产生的力，增加

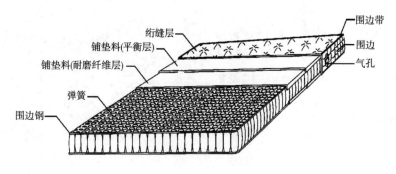

图 6-4　弹簧软床垫结构

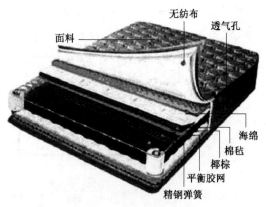

图 6-5　弹簧软床垫结构

图 6-6　床垫护角

床垫的整体性，有效防止对身体任何部位造成过大压力。

（2）铺垫料（辅助材料）

铺垫料是弹簧床芯与人体的缓冲层，介于弹簧床芯和复合面料之间，增加人体与支撑面的接触面积，使床垫弹簧芯承受压力更加均衡，并起到保护弹簧芯的作用。由于均匀分布人体压力，还可避免人体感觉到弹簧的存在，使人体各部位得到放松，保证人体在较长时间内保持相同的睡姿，避免浅睡与深睡阶段的频繁交替，提高睡眠质量。

铺垫料不是弹簧床垫必有的材料和结构，一些床垫没有铺垫料，只有弹簧芯和绗缝层。此类床垫绗缝层中的海绵和毡垫起到与铺垫料基本相同的作用。

（3）弹簧芯

弹簧芯是弹簧软床垫的最主要结构，也是床垫的支撑结构，是由中凹型弹簧、连续型弹簧、袋装式弹簧等不同弹簧类型，通过螺旋穿簧或其他材料连接组成的弹性整体。弹簧芯通常又包括以下两部分：弹簧和围边钢。

弹簧　弹簧芯的基本单元，弹簧芯由一根或多根弹簧连接而成。

围边钢　即边框钢丝，主要用于将弹簧床垫的周边弹簧包扎连接在一起，用于床垫软边处，起固定和连接弹簧的作用，以使周边挺直、牢固而富有整体弹性。同时起到增强床垫平稳性的目的。所用钢丝一般为65#锰钢或70#碳钢，一般采用直径为3.2~3.5mm的钢丝。

（4）围边及其他

这里主要指床垫的周边部分，包括弹簧芯围边、护角和胶边海绵。

围边　是床垫两侧最外层的复合面料，与绗缝层通过包缝机滚边后连接形成床垫的表面材料（图6-6）。床垫围边可以根据需要设计通气孔和拉手。通气孔主要是为了保证床垫的透气性，使空气自然循环，不产生热量。而且空气自由通过可使床具中存有新鲜的空气。

护角　是为了增加床垫四个边角的承受力，防止床垫在长期使用过程中边角处塌陷或变形，固定在弹簧芯四角的结构，通常采用海绵材料（图6-6）。

胶边海绵　是与弹簧芯侧边胶合，用于加固弹簧芯两侧的海绵，同时增加了床垫的整体性和床垫侧边舒适性,有些弹簧软床垫的弹簧芯不用围边钢加固时,胶边海绵也起到围边钢的加固作用。

通常床垫为双面可用,因此,一般的弹簧床垫以弹簧芯作为中心层,上下左右对称结构,可以随时翻动床垫,变换床垫与人体接触表面,使弹簧不至于长期承受同一方向的压力,以延长床垫寿命。

6.2.2 内部零部件结构类型

6.2.2.1 弹簧芯

弹簧芯由弹簧组成,是弹簧床垫内部起支撑作用的结构件。弹簧芯可以合理支撑人体各部位,保证人体特别是骨骼的自然曲线,贴合人体各种躺卧姿势。根据弹簧形式不同,弹簧芯大致可分连接式、袋装独立式、线状直立式、线装整体式及袋装线状整体式等。

(1)连接式弹簧芯

连接式弹簧床垫以中凹型螺旋弹簧为主体,两面用螺旋穿簧和围边钢丝将所有个体弹簧串联在一起,成为"受力共同体",这是弹簧软床垫的传统制作方式(图6-7)。螺旋穿簧俗称"穿条弹簧、穿簧",是用钢丝制成的小圆柱形螺旋弹簧,起连接作用,用于将两排弹簧固在一起。螺旋穿簧钢丝直径为1.3~1.8mm。

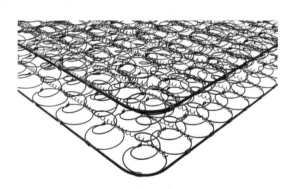

图6-7 连接式弹簧芯

这种弹簧芯弹力强劲、垂直支撑性能好、弹性自由度好。由于所有的弹簧是一个串联体系,当床垫的一部分受到外界冲压力后,整个床芯都会动。普通弹簧芯因为工艺成熟,相比之下价格较便宜。

采用连接式弹簧芯的床垫可以不使用围边钢,因为这种结构形式的弹簧芯,弹簧之间连接紧密,可以不用围边钢约束,而用胶边海绵代替。

(2)袋装独立式弹簧芯

袋装独立式又称独立筒型弹簧,即将每一个独立个体弹簧做成通行腰鼓型施压之后装填入袋,再用胶连接排列而成(图6-8)。其特点是每个弹簧体为个别运作,发挥独立支撑作用,能单独伸缩(图6-9)。袋装弹簧的力学结构避免了蛇形簧的受力缺陷。各个弹簧再以纤维袋或棉袋装起来,而不同列间的弹簧袋再以黏胶互相黏合,因此睡眠者之间翻身不受干扰,可营造独立的睡眠空间。长期使用后即使少数几个弹簧性能变差,甚至失去弹性,也不会影响整个床垫弹性的发挥。相比连接式弹簧,独立袋装弹簧的松软度更好一些,具备环保、静音、独立支撑、回弹性好、贴和度高等特性。但由于弹簧数量多(500个以上),材料费用及人工费用较高,床垫的价格也相应较高。

袋装独立弹簧基本都使用围边钢,因为袋装弹簧是用布袋间的黏结来完成弹簧连接,弹簧之间有一定的空隙,如果去掉围边钢,整体弹簧芯容易出现松垮现象,或者影响床芯外形尺寸与整体性。

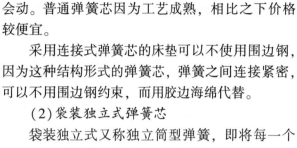

图6-9 袋装独立式弹簧的独立性

图6-8 袋装独立式弹簧芯

（3）线装直立式弹簧芯

线装直立式弹簧芯（图6-10）由一股连绵不断的连续型钢丝弹簧，从头到尾一体成型排列而成。其优点是采取整体无断层式架构弹簧，顺着人体脊骨自然曲线，适当而均匀地承托。此外，此种弹簧结构还不易产生弹性疲乏。

（4）线装整体式弹簧芯

线状整体式弹簧芯由一股连绵不断的连续型钢丝弹簧，用自动化精密机械根据力学、架构、整体成型、人体工程学原理，将弹簧排列成三角架构，弹簧相互连锁，使所受的重量与压力成金字塔形支撑，平均分散了四周压力，确保弹簧弹力。线装整体式弹簧床垫软硬度适中，可提供舒适睡眠和保护人体脊椎健康。

（5）袋装线状整体弹簧芯

该弹簧芯是将线状整体式弹簧装入无间隔的袖状双层强化纤维套中排列而成。除具线状整体式弹簧床垫的优点外，其弹簧系统是以与人体平行方式排列而成，任何床面上的滚动，皆不会影响到旁侧的睡眠者；目前此系统为英国斯林百兰床垫的专利。

（6）开口弹簧芯

开口弹簧芯与连接式弹簧芯相似，也需要用螺旋穿簧进行穿簧，两种弹簧芯的结构和工艺制作方法基本相同，最主要的差别就在于开口弹簧芯的弹簧没有打结。

（7）电动弹簧芯

电动弹簧芯床垫即在弹簧床垫底部配上可调整的弹簧网架，加装电动机使床垫可随意调整，无论是小憩、看电视、阅读或睡觉，皆可调整到最舒适的位置。

（8）双层弹簧芯

双层弹簧芯（图6-11）是指以上下两层串好的弹簧作为床芯。上层弹簧在承托人体重量的同时得到下层弹簧的有效支撑，具有极好的弹性，能提供双倍的承托力和舒适度，分摊人体重量。对人体重量的受力平衡性更好，弹簧使用寿命也更长。

无论采用何种弹簧工艺，企业都可以按照市场需要制作出不同软硬程度的产品。床垫上所用的弹簧的最大截面面积总和与床垫实测面积的百分比值，即弹簧覆盖率应不低于52%。根据国家标准，弹簧芯通常分为A、B、C三个级别。三个级别的弹簧覆盖率分别为：A级≥65%，58%≤B级<65%，52%≤C级<58%。

6.2.2.2 铺垫料

铺垫料是介于绗缝层和弹簧芯之间的衬垫材料，主要由一层耐磨纤维层和平衡层组成。常用的耐磨纤维层有：棕丝垫、化纤（棉）毡、椰丝垫等各种毡垫。常用的平衡层有泡沫塑料、塑料网隔离层、海绵和麻毡（布）等。铺垫料均应无有害生物，不允许夹杂泥沙及金属杂物，无腐朽霉变，不能使用土制毛毡，无异味。

（1）棕丝垫

棕丝垫（8~10mm厚）由棕丝制成，棕丝有两种，一种是棕榈的外皮层，也称"棕片纤维"；另一种是椰子壳纤维，也称"椰丝"。棕丝垫以棕丝和天然胶为主要原料，无任何化纤和其他有害成分，无毒无害，为天然绿色环保制品。棕片强度≥10N/cm，棕纤维垫、椰丝垫强度≥16N/cm。化纤（棉）毡强度≥10N/cm；泡沫塑料：回弹性≥35%，拉伸强度≥80kPa。

（2）塑料网隔离层及泡沫塑料

塑料网隔离层能均匀分散床垫所受的压力，使睡眠者不会感觉弹簧的存在。泡沫塑料应达到国家标准GB10802的有关要求。铺垫用的泡沫塑料：密度≥20kg/m³、拉伸强度≥80kPa、75%压

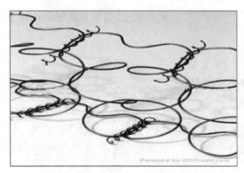

图6-10　线装直立式弹簧芯

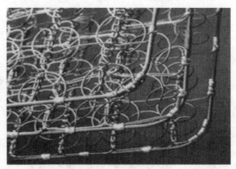

图6-11　双层弹簧芯

缩永久变形≤10%。

（3）常见海绵

海绵按形状分为：①平海绵（可以是单张的，也可以是整卷的），单张海绵主要作为床芯的填充料。②异型海绵，用得最多的是蛋形海绵，具有按摩作用。③不同区域的波段海绵。

按密度分为：超软海绵、慢回弹（记忆）海绵、特硬海绵等。

（4）特殊海绵

活性呼吸海绵：采用纳米改性竹炭技术制成的海绵，具有解毒杀菌、调湿调温、清新空气、保健等功能，使床垫更环保、更健康。

太空海绵：能根据人体对床垫的压力自动调节承托力，并延时释放回弹力，持续有效地将人体重量均匀分散，以达到最佳承托力，保证人体的每一个部位都有相适应的受力面积。

高弹海绵：使床垫回弹力更强，抗疲劳性优越，床垫更柔软、更舒适。

6.2.2.3 绗缝层

绗缝层是将复合面料包覆在床垫最表层绗缝而成的面料层。由三层结构缝合而成：最上层接触人体的表面材料为面料；中间层为海绵或者乳胶等弹性材料，以增加柔软度和舒适性，一些高档床垫还会使用羊毛、马毛或纳米竹炭等材料；最下层为衬布，通常是无纺布。

（1）面料

面料是包在床垫外面的织物，是绗缝层最表面的材料。除了使用功能外，还起装饰、保护和美化床垫的作用。面料能分散床褥的受压点，保障人体正常血液循环，确保睡眠健康。而且，在睡眠期间，人体排出大量汗液，由于体表与床垫接触面积大，汗液不易蒸发，需要通过面料来吸收汗液。另外，面料的质地、色泽、光泽、图案等还能体现床垫的装饰效果，增强对购买者的吸引力。因此面料的选择很重要，要根据床垫的不同品种、造型、使用场合等要求来确定不同的面料。

现在市场上的床垫面料以全棉和涤纶为主，高档床垫采用织锦布作为面料，也有用有光针织布作为面料。一些进口织锦布除更结实、卫生外，表面还经过抗菌处理，有的床垫面料还经防尘埃螨生化特别处理，能减少过敏反应，以最大限度减少气喘、湿疹和鼻炎等疾病的传染源，并能提

高卫生标准和减少不愉快的气味。另外，不同面料的拉力、韧度也直接关系到床垫的使用寿命。面料本身的花纹极其多样，可以是花、条纹或其他图案，色彩一般偏向于柔和系列。根据国家标准，不同等级的面料克重应该满足以下要求：A级≥100g/m²，80g/m²≤B级<100g/m²，60g/m²≤C级<80g/m²。

（2）海绵层

绗缝层中使用的海绵有：弹力棉、蛋形海绵、中软及超软海绵、羊毛棉、七孔棉、长绒棉等，普通海绵、弹力棉和蛋型海绵最常见。通常绗缝层里采用整卷海绵，不需要拼接，可提高工作效率，同时减少胶水使用量，避免有害物质如甲醛的释放，确保产品的环保。

（3）衬布

衬布是指衬在面料内起衬托作用的材料。合理使用衬布可以使所做的床垫丰满、挺括、舒适，并使软质材料与面料之间能有机结合。用于床垫上的衬布常见的为无纺布衬。

无纺布衬是用80%的黏胶短纤维与20%的涤纶短纤维和丙烯酸酯黏合剂加工制成的。因不用纺纱，只用黏合剂黏合，故称无纺布衬，又称高弹性喷胶棉。这种衬布幅宽为900~2000mm，分厚、中、薄3种。无纺布衬轻、薄、软、挺，并有一定的弹性，具有膨松性、保温性高、轻盈易平、通气、回弹性好、收缩率小、经纬一致等优点；缺点是牢固度差些。

6.3 其他床垫结构

6.3.1 分区弹簧床垫

当人体处于卧姿时，人体内部构造发生了很大的变化，主要表现在：①从人体的脊椎来看，在站立时，人体脊椎呈现最自然的S形，脊椎处一般下凹4~6cm；而在卧姿时，脊椎接近于直线形，脊柱弯曲内凹2~3cm时，睡眠较舒适。②从人体各部位重量分布来看，在站立时，人体各部分的重量在垂直方向相互叠加，垂直向下，人体处于合理的自然状态和良好的支撑结构体；而在卧姿时，人体各部分的重量相互平行垂直向下，各部位脊椎在床垫上的下沉量不一致（一般人体头部占总体重的8%，胸部占33%，腰部占44%）。

因此，应根据体压分布理论，实现弹簧软床垫分区化的软硬度设计。

弹簧软床垫分区设计是指根据人体卧姿时床垫各个不同的着力点来划分不同的区域，并根据人体不同部位的下沉量，利用弹簧材料，针对不同区域作出相应的软硬度设计，从而使床垫可以更好地承托起人体各部位重量，人体脊椎处于最舒适状态，从而实现高质量和高舒适度的睡眠。

在分区弹簧软床垫中，分区弹簧层大多数采用的是袋装弹簧。铺垫层的材料有很多，包括普通海绵、花切海绵、乳胶海绵、记忆海绵等。弹簧软床垫分区设计常见有：三区、五区、七区、九区。

以七区为例，常见的分区有(图6-12)：

分区1：头颈区，为头及颈部提供合适程度的稳固以帮助预防颈部的肌肉紧张和疼痛。

分区2：肩背区，由于肩膀是人体最宽的部位，所以它比臀部及后腰需要更多的"给予"。硬的床垫使人的肩膀不能贴合床垫，从而引起压迫性针刺疼痛及循环问题。这个区域给肩膀提供必需的软和，从而倍感舒适。两个半月形的压力舒缓通道横穿整个肩及后背区，从而为侧睡时提供更强的弹性。无论是正躺还是侧睡，这种7区床垫均有放松压力缓解针刺及矫正脊椎功效。

分区3：腰椎区，具有最稳固的特性，以便给后背的自然曲线提供支撑，防止脊椎下垂，从而缓解紧张及后腰疼痛。通常人体40%的重量压在腰椎中部。如果没有腰椎区额外的稳固，软的床垫会使脊椎陷入一种吊床式的弯曲状态，肌肉会因拉伸和紧张导致僵硬及疼痛。

分区4：骨盆区，硬的床垫会使臀部栖息在床垫的表面，从而使下脊柱陷入一个不舒服、下弯的位置。更柔软、更有弹性的骨盆区能使臀部贴合床垫，从而缓解压力并正确调整脊椎。

分区5：膝盖区，这个区域有同腰椎区一样的稳固性。

分区6：小腿区，为小腿提供软和及柔顺的支撑，当弯曲膝盖时给脚部及足踝提供舒适和压力缓解。

分区7：足踝区，同头颈区一样具有稳固性，软和而柔顺的足踝区给脚部及足踝提供舒适及压力缓解。

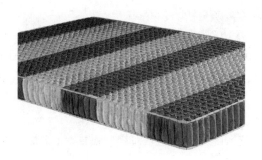

图6-12 分区床垫设计

九区则细分为：头颈、肩、背、腰椎、骨盆、大腿、膝盖、小腿、足踝。

6.3.2 充水床垫

充水床垫(图6-13)的胎体采用了独特的内部拉筋结构，使水在纵向上有较大的流动，横向只会产生微小的循环，使用时就不会出现左右摆动高低不平的情况，双人同时睡卧彼此也不会影响。水床垫充分利用水的特性，真正实现了人体与床的均力贴合，完全符合人体曲线，使人体的颈椎、腰椎、腿腕和脚腕不再悬空，身体各部位受力均匀。水床的弱点在于透气性没有弹簧床垫好。

6.3.3 充气床垫

充气床垫(图6-14)按结构分为盒式结构和平面式结构(图6-15)。盒式结构包括点状和格状形式；平面式结构包括点状、管状、格状和椅状形式。

以橡胶涂覆织物制造的气床垫为例，气床垫由橡胶涂覆织物制成的气室以及拉筋和充、排气嘴3部分组成(图6-16)，气室分单气室、双气室和多气室。拉筋的排列分点状、管状、格状等。

6.3.4 乳胶床垫

市场上同时应用弹簧与乳胶或者弹簧与泡沫的床垫仍以弹簧作为结构支撑部件。添加乳胶和泡沫的作用是增加床垫的舒适性，因此仍然属于弹簧床垫范畴。完全的乳胶或泡沫床垫是指以乳胶、乳胶制品或者泡沫、泡沫制品作为主要支撑材料的床垫。

乳胶床垫选用盛产于巴西、马来西亚和我国海南等热带雨林地区的天然乳胶为原料，运用航天高科技工艺，使其在低温冷却塔内经超常压力高速雾化，喷进高温100℃模具内迅速膨胀，经150t重压一次成型的乳胶床芯，是取代以往床垫的海绵芯、弹簧钢架芯的新一代环保型床垫。乳

图6-13　充水床垫

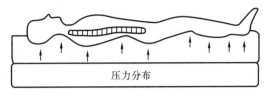

压力分布

图6-14　充气床垫

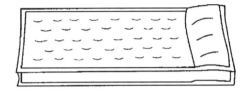

（a）盒式点状结构充气床垫

（b）平面式管状结构充气床垫

（c）平面式椅状结构充气床垫

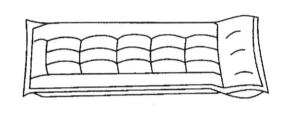

（d）平面式格状结构充气床垫

图6-15　各种结构充气床垫

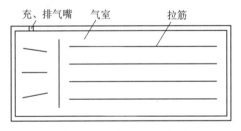

图6-16　充气床垫结构图

胶床垫具有开放连通的组织结构，耐久而不易变形，具有防潮、抗菌等功效，其高回弹性可以使人体与床面完全贴和，且透气性良好，能均匀支撑人体各部位，有效促进人体的微循环。

全部用乳胶材料制造的床垫造价相对比较高（图6-17）。因此多数乳胶床垫是以乳胶作为主要材料配以其他辅助材料，如海绵、毡垫等材料。

6.3.5　棕床垫

棕纤维弹性床垫是指以棕纤维弹性材料为床芯，表面罩有织物面料或其他材料制成的卧具。

棕纤维床垫的结构形式多样，市场上大致有棕绷床垫、喷胶棕床垫和棕簧结合床垫三种。

棕绷床垫制作方法是用木头做成床垫框架，再在上面打眼，利用棕丝密密地串成结实的床面（图6-18）。优质棕绷床的木框要选用大的硬木料，不易变形，棕丝采用强度好的山棕片丝。床面韧性好，强度高，受力均匀，防潮透气，冬暖夏凉。棕绷床垫均为纯手工制作，产量小，不能大规模工业化生产，且对原料、手工要求较高，否则平整度欠佳，容易下榻松软，需要定期修理。

喷胶棕床垫以棕纤维为主体材料，采用胶黏剂使之相互粘连，棕纤维之间交联成网状，形成胶点交结的多空结构及具有一定弹性的床芯，再在其表面覆以面料形成的床垫（图6-19）。

棕簧结合床垫是棕床垫和弹簧床垫的结合，缓冲层为弹簧，支撑层为棕垫，再覆以面料层，或者另一面采用海绵支撑层，可以两面使用（图6-20）。利用弹簧作为缓冲层，受冲击时有良

图 6-17　乳胶床垫

图 6-18　棕绷床垫

图 6-19　喷胶棕床垫

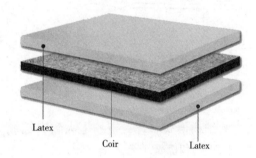

Latex

Coir　　Latex

图 6-20　棕簧结合床垫

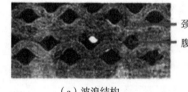

颈部

腹部

（a）波浪结构

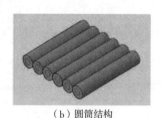

（b）圆筒结构

图 6-21　新型棕床垫结构

好的柔和缓冲作用，考虑到人体对于舒适性的需求，使骨骼和肌肉的结构能够处于一种较为合理与放松的状态。该种结构的床垫发挥了棕垫的吸湿透气和硬度特性，冬夏两用，冬天睡海绵支撑层一面，温暖舒适，夏天睡棕垫支撑层一面，凉爽透气。

此外，还有研究学者创新设计了波浪和圆筒结构形式的棕床垫。波浪结构的棕垫是将铺叠好的单片放入波浪形的模压机中热压而成［图 6-21（a）］。圆筒结构的棕垫是通过模具将铺叠好的单片胶合定型成圆筒状，再平铺成板状［图 6-21（b）］。波浪结构的棕垫颈部受挤压，密度增加，强度加大，加上腹部吸纳能力，是性能较强的弹性体。圆筒结构的棕垫在受压时中空部位产生位移，而紧密的纤维材料产生抗力，压力

消除后恢复原状，弹性也较强。以上两种创新型棕床垫结构的可行性和实用性还有待进一步考究。

6.3.6　特殊功能床垫

近年来，盛行着从健康到环保的睡眠之法，表现了消费者对环保、保健意识的增强，人们对特殊功能的床垫制品表现出前所未有的兴趣和热情。

（1）纳米改性竹炭床垫

这种床垫以 1000℃ 以上高温精炼的竹炭微粉，再经过中国工程院张齐生院士专利技术将竹炭改性后作为填充层，外套用透气性较好的面料制成。纳米改性竹炭的多孔结构能吸附皮肤排出的二氧化碳、氨及高湿的汗气，保持身体舒爽，降低汗疹等皮肤病的发生概率；纳米改性竹炭在吸收水分的同时还会产生热效应，尤其在冬天，

能使睡眠环境变得温暖而干燥；纳米改性竹炭还能释放出天然的香气，使人拥有一个最贴近自然的睡眠环境；此外，纳米改性竹炭可以释放远红外线，促进血液循环，消除肌肉疲劳，加快排出代谢产物，改善人体内环境。竹炭内部的孔隙对空气中的有害气体（甲醛，苯、二甲苯等）有非常强的吸附能力。纳米改性竹炭是近几年才开发出来的新产品，用途极为广泛，是竹材开发利用的新方向。

（2）红外线和磁力线床垫

20世纪末，人们把红外线和磁力线技术用于床垫，如日本与深圳合资生产的一种床垫，共有5层。第一层为远红外陶瓷层，人体对其加热后可产生 6~14μm 的波长，对人体有穿透力，可温暖全身，促进血液流通；第二层为磁性软棒，可发出 0.12T（特［斯拉］）磁感应强度的磁力线；第三层为纺织物的透气层；第四层为天然羊毛纤维层，有吸湿、透气功能，增强了床垫的舒适度；第五层为氨基甲酸乙酯层，维持弹性和张力，产生柔软的"指压"按摩效果。经测定，当人体使用20分钟后，脉搏由 57 次增加至 60 次，收缩压由 153mmHg 降至 145mmHg，舒张压由 92mmHg 降至 82mmHg；血氧饱和度由 95% 上升为 97%。这种新式床垫加强了对人体的保健功能。

（3）"生命泡沫"床垫

目前，国外有些厂家在生产一种叫做"生命泡沫"材料制成的软垫，它能缓解对身体形成的压力。这种床垫由上下两层材料黏合而成，上层由 Vasco-60 的化学原料制成，这是一种高密度的黏弹性材料，能对身体自然散发出的热量做出反应，随着睡眠者的体形变化而成型，这样就能均匀分布睡眠者的身体重量，使身体的压力降低到最小。有些制造商在制作弹簧软垫时，摒弃了传统做法，他们根据生物建筑学的要求，将软垫分成几个不同的区域，在这些区域里安排有不同弹性的弹簧，有的软一些，有的硬一些，这样设计的目的不但能使睡眠者躺下以后身体的脊柱保持竖直，而且可自由地采取不同的睡眠姿势。

（4）多功能弹簧床垫

多功能弹簧床垫，是由数个弹簧及垫料、面料组成的床垫体。其特征在于：床垫的前、后端面设有数个通孔，并在后端面通孔处的床垫体内部设有轴流风机；床垫的上表面垫料及面料层下面设置有低电压碳纤维加热垫；床垫上设有震动按摩电动机，床垫的前端侧面设置有一控制器，该控制器与电源相连接；床垫的前端上方设置有充气靠背，该充气靠背的后方床垫上设置有充气垫枕，该充气靠背及充气垫枕与床垫内设置的充气泵相连通，其上各设置有放气阀，充气靠背及充气垫枕下方的床垫上设置有凹槽，充气靠背及充气垫枕放气后可分别塞置于各自的凹槽内；震动按摩电动机、加热垫、轴流风机、充气泵分别以导线与控制器相连接。

复习思考题

1. 床垫的功能尺寸包括哪些？
2. 床垫的基本构造分为哪几部分？各自有什么特点？
3. 弹簧软床垫由哪几部分组成？各有什么特点与作用？
4. 弹簧床垫弹簧芯的结构有哪几种类型？各有什么特点？
5. 铺垫料主要包括哪些？绗缝层由哪几部分组成？
6. 水床垫、充气床垫、泡沫乳胶床垫及其棕床垫各有什么特点？
7. 试述弹簧床垫分区设计。

第**7**章
床垫制作工艺

【本章重点】
1. 弹簧软床垫生产工艺流程。
2. 弹簧软床垫弹簧芯制作工艺。
3. 弹簧软床垫绗缝层与围边制作工艺。
4. 弹簧软床垫总装工艺。

根据弹簧软床垫的结构，弹簧软床垫的生产工艺主要分为弹簧床芯生产、添加铺垫料、绗缝层加工以及总装配四大工序。生产总流程图与分车间流程图如图7-1至图7-5所示。

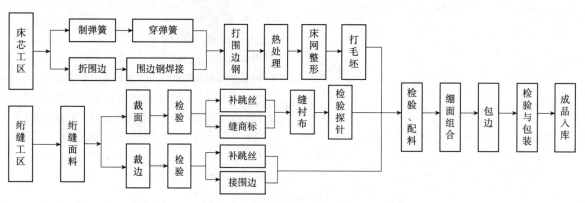

图7-1 弹簧软床垫总工艺流程图

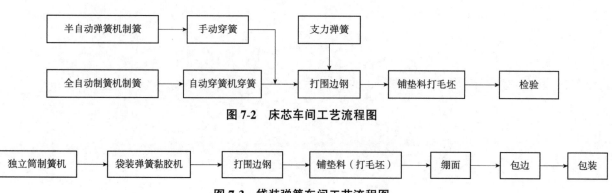

图7-2 床芯车间工艺流程图

图7-3 袋装弹簧车间工艺流程图

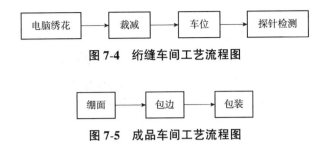

图7-4 绗缝车间工艺流程图

绷面 → 包边 → 包装

图7-5 成品车间工艺流程图

7.1 弹簧软床垫弹簧芯制作工艺

7.1.1 连接式弹簧芯制作工艺

连接式弹簧芯的生产工艺流程主要包括制作弹簧和组成弹簧芯。

7.1.1.1 弹簧制作工艺

弹簧制作工艺流程如下：制弹簧（卷簧）—打结—去应力退火—校整—（去应力退火）—强压处理—检验—表面防腐处理。

弹簧常使用不需要淬火、弹簧成型后只需去应力退火的材料制造，这类材料主要是强化钢丝，如炭化钢丝、盘钢丝和弹簧用不锈钢钢丝等。

（1）冷拉

是指高锰碳素精钢钢丝的一种制作工艺，是指将精钢、锰等金属元素加温至熔点后，按比例调配，至半冷却状态进行钢丝拉拔的一种制作方法，此种方法制作的钢丝金相结构更稳定、更连续，强度更高。

（2）制弹簧（卷簧）

卷簧是弹簧卷制成型的简称，卷簧是弹簧制造的第一道工序，也是重要的工序，卷制精度对整个制造过程起着极为重要的作用，它基本上决定了弹簧的几何尺寸和特性，以及材料的利用率。

中凹型螺旋弹簧的制造工艺可在有芯轴卷簧机上卷绕，这种方法不仅劳动量大、生产率低，而且降低了材料利用率和质量均匀性。因此，在大批量生产中，广泛采用自动卷簧机（无芯轴卷簧机），它可以自动卷绕、切断、记数等，能以一个工作循环完成弹簧的成型工艺，因此劳动强度小、生产率高、材料利用率高，并可实现多机作业，而且对弹簧的尺寸和形状要求有广泛的适应性。

（3）打结

半自动弹簧机生产出来的弹簧还需要将每个

弹簧两端的缺口处进行打结，起到固定弹簧的作用。而全自动弹簧机将制簧和打结同时完成。打结的钢丝缠绕弹簧两端通常为2圈半，打结点位差不多大于20°。

（4）去应力退火

去应力退火（图7-6），通常简称回火，有时也称消应力回火或去应力回火，是将弹簧重新加热到低于某一选定温度，并保温一定时间，然后以适宜的冷却速度冷却的工艺方法。

图7-6 去应力退火

其目的是：

①消除金属丝冷拔加工和弹簧冷卷时形成的内应力。

②使弹簧结构均衡，弹簧尺寸稳定，未经去应力退火的弹簧在后面的工序加工和使用过程中会产生外径增大和尺寸不稳定现象。

③提高金属丝的抗拉强度和弹性极限。

④利用去应力退火来控制弹簧尺寸，如有时将弹簧装在夹具上进行去应力退火能调整弹簧的高度。

弹簧经去应力退火等热处理是制造弹簧床芯的必要工序，可以确保弹簧在日复一日、年复一年的受压后还能回到它原有的高度。

手工制作弹簧的热处理是在制好弹簧后将弹簧放入热处理器中进行热处理，而自动弹簧热处理则在打结的同时完成，但最完整的热处理方式是整张床垫进行热处理，也就是围边钢和穿簧与弹簧芯同时热处理，这种加工方式可以使床芯整体性更强。

（5）其他工艺

弹簧在生产和制造过程中还可以进行以下几种不同的工艺处理。

精度螺纹 由于南、北气温不同，物体受气温影响也不同，为了防止弹簧在受气温影响时产生弯曲、变形，在钢丝表面螺铣出螺纹状纹路，以均匀分散由气候因素所产生的影响。

烤蓝　为了让钢丝在空气湿度相对大的情况下不被氧化所采取的一种瞬间高温防氧化处理，同时增强其抗弯、抗破坏性碾压强度。

表面防腐处理　弹簧在制造、存放、使用等过程中，经常会遭受周围介质的腐蚀。由于弹簧在工作时是靠弹力发挥作用，弹簧被腐蚀后弹力会发生改变而丧失功能，所以防止弹簧腐蚀可以保证弹簧的工作稳定性，延长其使用寿命。

弹簧的防腐方法一般采用涂防护层，根据防护层的性质可分为：金属防护层、化学防护层、非金属防护层等。金属防护层一般是用电镀的方法以获得金属防护层，电镀防护层不但可以保护弹簧不受腐蚀，同时改善弹簧外观，一般选用电镀锌层。化学防护层通常采用氧化处理，使弹簧表面生成一层致密的保护膜，以防止弹簧腐蚀，该方法成本低，生产效率高。

7.1.1.2　连接式弹簧芯制作工艺

连接式弹簧芯是按照各种规格的床芯尺寸，用螺旋穿簧和围边钢将中凹形弹簧连接组成弹性整体。这样既增加了床芯强度，又使整个床芯形成一个整体（图7-7）。

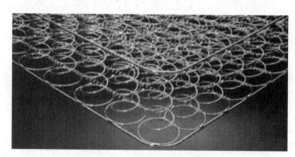

图 7-7　弹簧床垫弹簧芯

连接式弹簧芯制作工艺流程如下：机器穿簧（手工穿簧）—加支力簧—打围边钢—风枪—床芯检验—加载—包扎。

（1）穿簧

穿簧是将弹簧床垫中的螺旋弹簧连接成整体的工序。穿簧用直径 1.2～1.6mm 的 70# 碳钢绕制，绕成孔径比被穿弹簧直径略大一点，其间隙在 2mm 内。绕制穿簧时，将弹簧床垫中相邻螺旋弹簧的上下圈分别纵横交错地连接成床垫弹簧芯。然后用钢丝钳把穿簧钢丝两端弯转紧于弹簧圈上。既简便迅速，又牢固可靠。

穿簧前首先根据床垫的规格尺寸计算好弹簧的排数及每排弹簧的个数。排列的形式通常是横向一个接一个紧挨着排列，纵向（床垫长方向）则每隔一定距离排一行，行与行之间的距离通常为 60mm。宽度方向与长度方向相邻弹簧之间的净空距离要小于 40mm 或紧密相连。

（2）加支力簧

支力簧是一种支撑弹簧，是为防止床垫长期使用后四周下陷而在床芯的边缘增加的双弹簧。支力簧可以增加整个床芯的承受力和耐用度。通常用在床垫弹簧芯的最外面一圈弹簧中间，尤其是弹簧芯的四角。一般每隔 2～5 个普通弹簧增加一个支力簧。

（3）打围边钢

用直径 3.5～5mm 的钢丝，按照床垫周边所要求的尺寸用调直机（切钢丝）进行剪断，再用自动折弯机按照弹簧床芯形状弯折钢丝圈，使之能跟弹簧芯周边的弹簧相吻合，再经过边框钢丝对焊机将钢丝焊接成为围边钢，然后用气动夹码枪将围边钢丝跟弹簧芯周围的每只弹簧的上下圈接触处扎牢固即可。

（4）加载

为防止弹簧芯在长期使用后变形，每个床芯都要经过整平机多次加载预压整形，以消除弹簧的残余变形量，使床垫经久使用后，床芯不会下陷，面料不会松弛，床垫长久平整挺括。

7.1.2　袋装式弹簧芯制作工艺

袋装弹簧软床垫通常采用圆柱形螺旋弹簧，并用布袋将弹簧逐个袋装好，缝好袋口。袋装弹簧床垫的制造工艺要求缝扎袋装弹簧芯，而不是采用穿簧的形式。其他工序则跟连接式弹簧床垫基本相同。

袋装弹簧通常在自动生产线上制作，生产线由立式自动送线机、两用弹簧机（鼓型、桶型）、弹簧外压处理推进装置、超声波缝合装置、传送装置、弹簧还原装置等组成。通过这条生产线可以将制簧、装袋、袋口缝合与弹簧热处理等工序同时完成。最后在弹簧床垫黏胶机上进行独立袋的胶黏。

弹簧床垫黏胶机是配合独立袋装弹簧生产机而开发的，进料、涂胶、胶黏下料同时进行，与袋装机形成一条完备的高效率、高质量的床垫生产线。把袋装弹簧整齐而紧密地黏连起来，避免扣钉麻烦,同时解决扣钉连接方式的不合理性,因为扣钉连接会使袋装弹簧扣死而无法起到独立作用,并非真正意义的独立袋装床垫。而用软胶黏连则使每一个弹簧排列得松紧有度、伸缩自如,所以生产出来的床垫更科学、更舒适而不易变形。

7.2 弹簧软床垫绗缝层与围边制作工艺

7.2.1 绗缝层制作工艺

床垫绗缝层制作工艺过程如下:绗缝(裥花)—裁剪(裁片)—检验—补花—贴商标—缝商标—拷边(四线)—检验。

(1)面料绗缝

如图7-8所示,绗缝层由2~5层不同复合面料组成,这些面料彼此重叠缝合,且缝针使面料呈现花纹。床垫通常有上下表面两层绗缝层,便于床垫的双面使用。

图7-8 面料绗缝

床垫的绗缝层加工就是将绗缝层材料重叠缝合在一起的工序,最常用的方法是在针绗缝机上自动铺展和缝合多种材料层,自动送入绗缝层材料纵向边缘修饰装置,修饰和裁剪边缘,以确定面层和底层的最终尺寸。绗缝层可以是菱形、斜纹、不规则波浪或设计的其他图案。

绗缝设备多用单针绗缝机和多针绗缝机。单针绗缝机是指一根针从头到尾缝制一块面料,由计算机操作,决定针的行走路线,花纹可以自己随意挑选。一次只能缝制一块面料,因此,通常缝制出来的面料花纹是连续重复的花纹。多针绗缝机指多个针头同时工作,可以连续缝制各种图案,并能连续缝制多块面料花纹,缝好后再进行裁剪。绗缝工艺还可以采用钉扣技术,使表面看上去凹凸有致、立体感很强。

另外,床垫绗缝层表面材料可以进行特殊工艺处理,如阻燃处理、防螨处理、防水处理、防静电处理、防污处理、保健处理(远红外)等。

(2)面料裁剪

绗缝层由上下两部分组成,并且分别与床垫弹簧床芯相连,剪裁时要留出绗缝层与围边缝头的余量,通常做法是使无纺布在绗缝时大于面料尺寸,用无纺布长出来的部分与围边钢连接、扣紧,使绗缝层固定在围边钢上。因此,在裁剪复合面料时要预留出无纺布的余量。另外,当床垫两面采用包纽装饰时,还要预留包纽拉紧面料的下凹余量。

(面料裁剪也可采用智能化面料裁剪系统及解决方案,详见第8章8.4小节讲述。)

(3)面料检验

面料检验以微金属探测系统为主,主要是检测面料在绗缝和其他工序制作中是否有断针留在面料里。一旦断针留在面料中,金属探测系统会自动报警,保障床垫面料生产和使用安全。

(4)缝商标

目前大多数生产厂家都会将商标缝制在床垫绗缝层或围边上,该工序用缝商标机将事先裁剪好的商标缝制在制作好的床垫上。与服装生产一样,为客户提供品牌识别性。

7.2.2 围边制作工艺

床垫围边主要是完成床垫面料与侧边围边布料的边缘包缝。床垫围边与绗缝层的加工基本相同,只是围边增加了拉手和气孔的制作工艺。围边气孔加工主要使用专用打孔机打出 $\phi4 \sim \phi6mm$ 的通气孔(数量一般为6~12个,也有更多),外面用扣环装饰。

为了方便床垫的移动和搬运,在床垫周边还会装有把手和拉链(有的没有),以方便顾客搬运、翻转和查看床垫结构,提高床垫使用寿命。

7.3 弹簧软床垫总装工艺

在弹簧床芯和绗缝层均准备好之后,可按照一种系列或多种系列不同规格的床垫及不同软硬程度装配出不同形式的床垫。

床垫总装工艺过程如下：打铺垫料—绷面—缝边—检验—床垫压缩与包装。

（1）打铺垫料

铺棕丝垫。将准备好的厚为15~30mm的铺垫料放在床垫的上下两面及四周，并用棕垫枪将铺垫料扣钉在围边钢上。检验打好铺垫料的床芯有无凸起、枪钉，枪钉两头尖端是否刺出床芯，保证床芯表面干净无杂物。

（2）绷面

如图7-9所示，经严格检验后的优质床芯经打铺垫料后，进入绷面工序。将绗缝层套在打好铺垫层的床芯上，并用扣布枪将绗缝层上的衬布固定在床芯上。

图7-9 绷面工艺

（3）缝边

如图7-10所示，把上下两层绗缝层与围边用围边带精心地缝制在一起，形成床垫上、下表面的外围粗线边条。缝边要求顺直，四周圆弧均匀对称，通常采用包缝机缝制，形成最终的床垫。

图7-10 缝边工艺

（4）检验

如图7-11所示，制作好的床垫需要经过严格检验，合格后才能进行包装、封口，产品才能出厂。

外观和感官要求 徒手用力重压垫面，无弹簧摩擦声，钢丝不得刺出。各种衬垫面料保持干燥。

图7-11 检验工艺

面料缝纫 面料绗缝基本一致，无明显皱褶，无断线。跳单针：A级不超过10处，B级不超过20处，C级不超过40处；跳双针及以上：A级不超过5处，B级不超过10处，C级不超过20处。

（5）床垫压缩与包装

近年来，国内众多床垫生产企业积极开拓海外市场，尤其是床垫弹簧芯，国外的需求量很大，而其中巨额的运输费用极大地限制了床芯的出口。因此，在企业中，床垫弹簧芯大多经过全面压缩。目前可将18张床芯压缩到只有3张成品床垫的高度，便于包装及运输，极大地降低运输及仓储成本。中凹弹簧是直接纵向压缩后装箱；而布袋弹簧则在纵向压缩后再卷起床芯，这种方式更加缩小装箱体积。床垫弹簧芯的包装可在专用床垫弹簧芯打包机上进行。

7.4 其他床垫生产工艺

7.4.1 乳胶床垫生产工艺

乳胶是从橡树上采集而来的（每一棵橡树一天取汁仅约30mL），这种采集过程不会对树有损伤。树脂被采集后，立即被搅拌、烘焙，制成的产品即为天然的、生物能分解的乳胶。

运用高科技工艺，使其在低温冷却塔内经超常压力高速雾化，喷进高温100℃模具内迅速膨胀，经150t重压一次成型的乳胶床芯。乳胶床垫具有开放连通的组织结构，耐久而不易变形，具有防潮、抗菌等功效。床垫的最佳密度在80kg/m²左右。在制作过程中采用了纵横向多孔穿透切割，拥有几千个细小网状结构的排气孔。

7.4.2　竹纤维软床垫制作工艺

竹纤维软床垫生产方法，是将烧碱溶液淋于湿竹上，然后用蒸汽熏蒸，再经梳花机梳成絮状竹纤维，均匀铺散在透气防水的编制物上，用工业针织机针织连接而成。该生产工艺还可以在竹纤维中加入棕丝和(或)椰丝。用这种工艺生产的床垫利水、质轻、无毒、杀菌，在生产环节中不污染环境，是一种具有推广价值的绿色家居产品。

竹纤维软床垫生产工艺如下：

软化工艺　按如下配比配制烧碱水溶液，其中湿竹为1000，烧碱为260~300，水为130~180，将烧碱溶化成水溶液，并淋在湿竹上，再将淋有烧碱水的湿竹置于锅内或池中，通入蒸汽熏蒸3~4h，使湿竹软化。

梳花工艺　用梳花机对经过上述软化处理的湿竹进行梳花，将湿竹梳成絮状竹纤维。

针织工艺　采用透气防水的编织物作底面，将竹纤维均匀铺散在编织物底面上，并用针织机将竹絮密密针织固定在作为床垫支撑物的底面上。

7.4.3　竹纤维硬床垫生产工艺

竹纤维硬床垫生产工艺，包括软化、梳花、喷胶、热压、固化，将湿竹淋上烧碱水后通入蒸汽，使湿竹软化，由梳花机梳花，成为絮状的竹纤维，再与胶料均匀拌和，热压、固化为一体。还可以在竹纤维中掺入棕丝和(或)椰丝，二者均需与软化湿竹同时梳花拌和均匀后进行喷胶，经热压、固化处理后即得。这种方法生产的竹纤维硬床垫，具有耐压、耐磨、弹性好、价廉、易于仓储和运输等突出优点。

竹纤维硬床垫生产工艺如下：

采用湿竹作原料，进行软化处理　备料：湿竹、烧碱、水。湿竹与烧碱的比例为湿竹：烧碱=100：26~100：30；烧碱与水的比例为烧碱：水=1：5~1：6。将湿竹架在锅或池上，并将烧碱按比例溶化成碱水，淋于湿竹上，然后通入蒸汽，熏蒸3~4h。

梳花处理　将软化后的湿竹用梳花机梳成絮状竹纤维。

喷胶处理　采用天然橡胶或脲醛胶对竹纤维喷胶，并拌和均匀，对于不同的胶，竹与胶的配比不同，天然乳胶：竹=1：6；脲醛胶：竹=1：3；采用天然乳胶还需要用水稀释，水胶配比为水：橡胶=5：1~6：1。

热压处理　将喷胶后的竹絮装进模具，通过热压机进行热压，热压温度为100~120℃，热压压力为2~3kg/cm^2。

经热压的垫胎　自然冷却固化后即成型为竹纤维硬床垫。

复习思考题

1. 请写出弹簧床垫生产总工艺流程及其各分车间的工艺流程。
2. 弹簧制作工艺包括哪些？什么叫去应力退火？其目的是什么？
3. 连接式弹簧芯制作工艺流程主要包括哪些工序？各有什么特点？
4. 床垫绗缝层制作工艺流程是什么？
5. 乳胶床垫、竹纤维硬床垫、竹纤维软床垫生产工艺各有什么特点？

第8章
软体家具数字化加工设备与先进制造技术

【本章重点】

1. 软体家具弹簧制作常用设备的性能及其主要技术参数。
2. 沙发专用设备的种类、性能及其主要技术参数。
3. 床垫常用主要设备的种类、性能及其技术参数。
4. 软体家具面料智能裁剪系统及其解决方案。

8.1 软体家具弹簧制作设备

8.1.1 蛇形弹簧机

（1）SHJ-4 型蛇簧机

SHJ-4 型蛇簧机是制造汽车座垫、沙发等所需蛇形簧的专用设备（图8-1）。本机采用微型计算机变频控制和脉冲技术等新技术，电动机与减速机直联，结构简单，操作方便，可连续生产，出簧快，效率高。能够制造直径 φ2.5～φ4mm 钢丝的各种常用规格蛇形簧。其主要技术参数见表8-1所列。

图 8-1　SHJ-4 型蛇簧机

表 8-1　SHJ-4 型蛇簧机主要技术参数

项　　目	参　　数
加工线径(mm)	φ2.5～φ4.5
弹簧节距(mm)	23.5～27.5
弹簧宽度(mm)	45～65
生产速度(峰/min)	38～180
电机功率(kW)	4
适用电源	三相 380V50Hz
外形尺寸长×宽×高(mm)	1470×760×1200

（2）QH-Ⅱ型自动曲簧机

如图 8-2 所示，采用该机生产的 S 型曲簧其节距及弹簧高度在一定范围内可以进行调节。操作简便，是生产沙发、汽车座垫等专用弹簧的理想设备。其主要技术参数如下：钢丝直径 φ2.5～φ4.5mm，节距 20～50mm，弹簧高度 40～70mm，生产效率 200 峰/min，电动机功率 4kW。

8.1.2 串簧机

（1）SCH 型全自动串簧机

如图 8-3 所示，主要用于完成席梦思床垫双锥弹簧之间的相互连接。可实现上下同时串簧，且在每排串簧两端自动夹紧。串簧排数自动计数。完成设定的排数后自动推出床芯。串簧排数可用

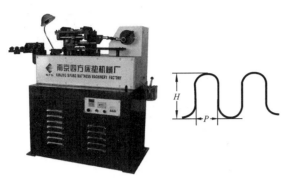

图8-2 QH-Ⅱ型自动曲簧机

图8-3 SCH型全自动串簧机

计算机设定。其主要技术参数如下：串簧速度60~80床/班产，床芯最大宽度2m，串簧钢丝直径 $\phi1.3 \sim \phi1.4$mm，弹簧钢丝直径 $\phi2.2 \sim \phi2.4$mm，弹簧盘口直径 $\phi65 \sim \phi90$mm，弹簧高度80~180mm；电动机总功率3kW。

（2）CW-2半自动串网机

如图8-4所示，本机采用先进技术制造，用于弹簧的串网组合，是生产床垫弹簧床网、座垫的理想设备，其特点如下：

①占地面积小，一个工人即可操作，节约成本。

②床网尺寸、钢丝线径、卷簧口径、卷簧高度均可在一定范围内改变。

③实现上下串网同时完成。

④能实现串条簧的自动切断，串条簧两端自动收卷打扁。

⑤床网自动向前移动，串条簧前进受阻时能自动停机。

⑥根据客户加工要求提供不同规格夹钳。

（3）CH-Ⅰ型电动串簧机

如图8-5所示，主要用于席梦思床垫的床芯制造。完成双锥弹簧之间的相互连接工作。也可以用于其他软垫中弹簧的连接。该机采用浮动式弹性送料，使其工作运行平稳、可靠、串簧的螺距可根据要求调节。串簧的进退由脚踏行程开关板控制。其主要技术参数如下：串簧速度9m/min（10~15床/d）；可串钢丝直径 $\phi1.2 \sim \phi1.6$mm，串簧外径 $\phi8 \sim \phi12$mm，串簧螺距7~14mm（可调），电动机功率0.75kW。

8.1.3 自动袋装弹簧机

（1）BTJ型自动布袋弹簧机

如图8-6所示，该机为全自动操作。由于采用的是背封型封边，在生产较粗钢丝的弹簧时也可使用较薄的无纺布。具有空装切割部位长度设定与布料耗完自动停机等功能，从而提高了机器的智能性，使之生产出的产品结构更为牢固，其主要技术参数如下：弹簧直径 $\phi40 \sim \phi70$mm，弹簧

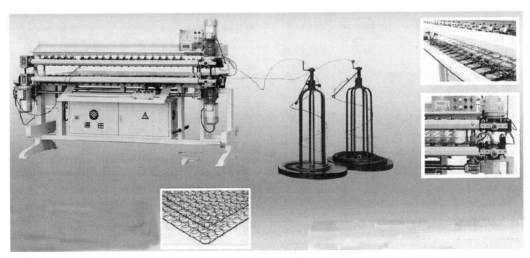

图8-4 CW-2半自动串网机

图 8-5　CH-I 型电动串簧机

图 8-6　BTJ 型自动布袋弹簧机

高度 100~180mm，钢丝直径 φ1.0~φ2.5mm，无纺布宽度 540mm，工作效率 50 只/min；功率 4kW。

（2）DZ-6A-自动袋装弹簧机

如图 8-7 所示，新型背封式数控袋装弹簧机，采用数控微型计算机系统控制，全自动操作，用于生产背封式袋装弹簧。设备外形美观、速度快、易操作。其特点如下：

①本机通过 CE 认证，安全性能好，安装调试简易。

②基本上采用机械传动，关键部位采用进口汽缸，增加了工作的稳定性，使维护保养更方便。

③本机生产的背封式袋装弹簧，形状美观、紧凑。

④无须翻簧工序，避免损坏布袋。

⑤热处理部分作了改进，避免了热处理工序中漏处理现象。

⑥具有材料用完自动停机、卡簧自动停机、开门自动停机功能。

⑦长达 10 年以上的记数功能，便于维护及统计。

其主要技术参数见表 8-2。

表 8-2　BTJ 型自动布袋弹簧机主要技术参数

技术参数	数　值
生产效率（只/min）	54
电源	3-Phase，380V50Hz
气源气压（MPa）	0.8~1.2
排气量（m³/min）	>1.05
袋装簧高度（mm）	76~220
钢丝直径（mm）	1.8~2.3
弹簧芯径（mm）	45~75
弹簧圈数（圈）	5~6.5
无纺布厚度（g/m²）	≥60
无纺布宽度（mm）	400~520
热处理功率（kW）	20
超声波功率（kW）	4
总功率（kW）	27.5
总重量（kg）	2474
主机外形尺寸（mm）	2850×1650×1920

图 8-7　DZ-6A-自动袋装弹簧机

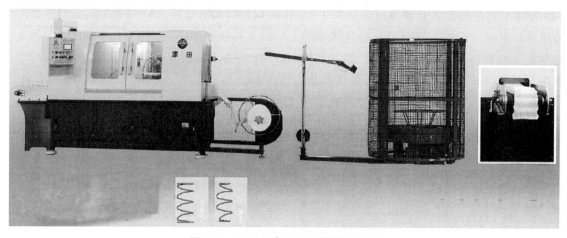

图 8-8　DZG-1 高速独立袋装弹簧机

（3）DZG-1 高速独立袋装弹簧机

如图 8-8 所示，高速独立袋装弹簧机采用数控微型计算机控制，全自动操作，用于生产高档床垫使用的背封式独立袋装弹簧。其特点如下：

①采用模块化设计，结构紧凑，安装调试方便，安全性能好。

②采用先进结构和工艺，大大提高了生产效率。

③采用机械传动，增加了工作稳定性，使维护保养方便。

④本机生产的背封式袋装弹簧，形状美观，紧凑。

⑤无须翻簧工序，避免了损坏布袋。

⑥采用新的热处理机构，可自动对条状弹簧进行规律切断。

⑦具有材料用完自动停机功能。

高速独立袋装弹簧机主要技术参数见表 8-3。

表 8-3　高速独立袋装弹簧机主要技术参数

技术参数	数　值
生产速度（只/min）	62
工作电源	3-Phase，380V50Hz
气源气压（MPa）	0.8~1.2
排气量（m³/min）	>1.05
总功率（kW）	30
弹簧自由高度（mm）	160~250
袋装弹簧高度（mm）	120~210
钢丝直径（mm）	1.8~2.3
弹簧芯径（mm）	55~70
无纺布宽度（mm）	400~520
无纺布厚度（g/m²）	≥70
主机外形尺寸（mm）	2390×1680×1730

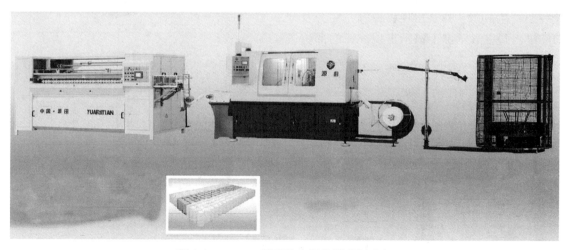

图 8-9　DZH-2 新型独立袋装弹簧组合机

（4）DZH-2 新型独立袋装弹簧组合机

如图 8-9 所示，DZH-2 新型独立袋装弹簧组合机是专业生产袋装床网的自动化生产线。该机器主要由袋装部分、连接部分和黏胶部分组成。工作时，先由袋装机把一定数量的单个弹簧袋装成条状弹簧，然后通过导簧轮把条状弹簧输送到黏胶机上，接着黏胶喷头将胶喷于条状袋装弹簧及上、下无纺布上，再将之黏胶成床垫。当形成一张床垫后，机器会自动进行裁剪。

DZH-2 型机从单个弹簧到整张床网的完成都是流水作业，自动化程度高，同时也极大地增强了安全性能，节省了人工劳动力，降低了操作人员的劳动强度，生产效率得到了更大的提升。DZH-2 型机具有结构紧凑美观、操作简单安全、生产效率高、加工成本低等特点，是床垫产品生产的理想设备。

其主要技术参数见表 8-4。

（5）数控袋装弹簧机

数控袋装弹簧机是为加工家具软床垫袋装弹簧设计的专用设备。如图 8-10 所示，采用数控微型计算机系统控制，全自动操作，具备自动卷簧、自动热处理、自动装袋、自动焊接功能。本机为生产袋装弹簧提供了高质量、高产量的自动生产方式。其主要技术参数为：袋装弹簧高 120～180mm，钢丝直径 1.8～2.3mm，无纺布宽度 400～520mm。这种设备的主要特点是：

①工作效率高。由于这种设备将单一的制簧、热处理、装袋、焊接等加工功能合为一体，采用数控微型计算机控制系统，使整个加工过程实现了高度自动化作业，因此，它每分钟制簧、热处理、装袋、焊接可达到 42 只。

②加工质量稳定。当某个加工工位出错时，如钢丝线架发生故障、弹簧出现移位等，它会及时自动停机，并在显示屏上显示出现故障的部位和原因。

表 8-4　DZH-2 新型独立袋装弹簧组合机主要技术参数

技术参数	数值
生产速度（只/min）	62
电源	3-Phase，380V50Hz
气源气压（MPa）	0.8～1.2
排气量（m³/min）	>2.2
总功率（kW）	37.71
袋装机功率（kW）	30
黏胶机功率（kW）	7.71
袋装弹簧自由高度（mm）	160～250
袋装弹簧高度（mm）	120～210
钢丝直径（mm）	1.8～2.3
弹簧端面最大直径（mm）	52～70
弹簧芯径（mm）	55～70
袋装无纺布宽度（mm）	400～520
无纺布厚度（g/m²）	≥70
黏胶无纺布宽度（mm）	700～2100
黏胶无纺布	外径≤1000mm，重量≤150kg
黏合床网宽度（mm）	≤2100
袋装机外形尺寸（mm）	2390×1680×1730（不包含放布架、放线架）
黏胶机外形尺寸（mm）	3720×3300×1800

图 8-10　数控袋装弹簧机

图 8-11　特殊性全自动袋装弹簧机

③加工范围大。一是能适合不同直径的钢丝加工；二是弹簧袋装高度高；三是采用的无纺布幅面较宽，可随弹簧高度而定。

④配套性强。可与数控袋装簧黏胶机配套组成生产流水线。

⑤操作简单，工作人员少。

（6）特殊性全自动袋装弹簧机

如图8-11所示为特殊性全自动袋装弹簧机，不用改变钢丝的粗细，只要在控制盘上点选，用同样的钢丝就可以加工成3种不同硬度的弹簧。和其他机器不同，该机器所生产的弹簧列子的排比是纵向的，所以可以根据人体不同部位所需的弹簧硬度，很快排列组合成最舒适的床垫。最大可以达到3种硬度的弹簧，床垫可以形成5个不同的区域。同时其他国家制造的特殊性全自动袋装弹簧机采用热处理技术控制弹簧硬度，所生产的弹簧硬度只有用硬度计测试才能知道，而该机器生产的弹簧硬度用手触压就可以感受到。可以简单地调整弹簧圈的形状，并附带其他便利的功能。

8.1.4 袋装簧黏胶机

（1）ZJJ型袋装簧黏胶机

如图8-12所示，本机合理地把布袋弹簧整齐而紧密地粘连起来，避免扣钉麻烦及其在布袋弹簧上使用的不合理性。该机可根据客户要求在人机对话界面随意选择：有布或无布、纵横或错位4种粘连方式。其主要技术参数如下：弹簧直径$\phi40 \sim \phi70$mm，弹簧高度100～180mm，布料宽度600～2100mm，布料厚度50～150g/m，工作效率96只/min，功率4.6kW，气源气压0.6～0.8MPa。

（2）DN-2A数控袋装簧黏胶机

如图8-13所示，DN-2A数控袋装簧黏胶机，主要用于袋装簧的黏合，将条状独立袋装弹簧自动黏合成袋装床网，该机具有如下特点：

①采用进口PLC控制，自动化程度高，工作性能稳定。

②采用触摸屏控制，操作简便。

③熔胶装置与喷胶一体化。

④自动喷胶，胶水分布均匀，黏胶牢固。

⑤可按排式或蜂巢式黏合条状袋装弹簧。

（3）DN-3A数控袋装簧黏胶机

如图8-14所示，DN-3A数控袋装簧黏胶机，主要用于袋装簧的黏合，将条状独立袋装弹簧及

上下无纺布自动黏合成袋装床网，并自动进行裁剪，该机具有如下特点：

①采用进口PLC控制，自动化程度高，工作性能稳定。

②适用于黏合鼓形或圆柱形袋装弹簧，可按直排式或蜂巢式黏合条状袋装弹簧。

③可根据需要采用连续及间歇喷胶，从而节省胶水。

图8-12　ZJJ型袋装簧黏胶机

图8-13　DN-2A数控袋装簧黏胶机

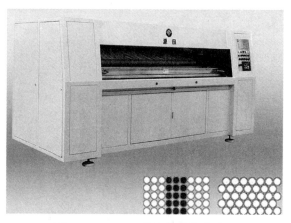

图8-14　DN-3A数控袋装簧黏胶机

④可根据需要选择是否黏合上下无纺布。

⑤可实现远程控制，便于机器监控、维修、程序修改及升级。

8.1.5　自动绕簧机

（1）RH-I 型自动绕簧机

如图 8-15 所示，本机主要用于床垫、沙发等软体家具的双锥形弹簧的绕制，同时可以绕制筒形布袋弹簧。其主要技术参数如下：盘口直径 $\phi45\sim\phi90mm$，弹簧圈数 $4\sim8$ 圈，弹簧高度 $80\sim200mm$，适用钢丝直径 $\phi1.8\sim\phi2.5mm$，生产效率 60 件/min、80 件/min，电动机功率 1.1kW，放丝架电动机功率 0.37kW。

（2）RH-Ⅱ 型自动绕簧机

如图 8-16 所示，该机采用双组送丝结构，主要用于较粗钢丝弹簧的绕制。适用于制作床垫底床、沙发及特殊要求的弹簧。其主要技术参数如下：适用钢丝直径 $\phi2.8\sim\phi3.6mm$，盘口直径 $\phi60\sim\phi120mm$（可调）；弹簧高度 $150\sim300mm$，弹簧圈数 $4\sim8$ 圈，生产效率 38 件/min、45 件/min、58 件/min，电动机功率 1.1kW、1.5kW，放丝架电动机功率 0.37kW。

（3）ZJ-1 自动卷簧机

如图 8-17 所示，本机生产床垫、家具和汽车座垫的双锥形塔型弹簧。机器集送线、卷簧、送簧、打结、热处理、堆码等机构于一体，通过机械控制各部分同步工作。机器采用 PLC 和触摸屏控制，生产过程均自动进行，仅需一人操作即可完成。出现故障时能自动停机。通过更换相应附件，可在一定范围内生产不同型号规格的钢质弹簧。主要机构置于安全仓内，防止安全事故及噪声。生产效率高，工人劳动强度低。其主要技术参数见表 8-5。

表 8-5　ZJ-1 自动卷簧机主要技术参数

技术参数	数　值
工作电源	3-Phase，380V50Hz
主电动机功率（kW）	26
适应钢丝直径（mm）	2.0～2.4
5 圈弹簧高度（mm）	110～200
适应弹簧口径（端圈）（mm）	$\phi65\sim\phi90$
生产速度（只/min）	60～70
绕线筒（mm）	最小内径 350，最大外径 1000
主机重量（kg）	2000

图 8-15　RH-Ⅰ 型自动绕簧机

图 8-16　RH-Ⅱ 型自动绕簧机

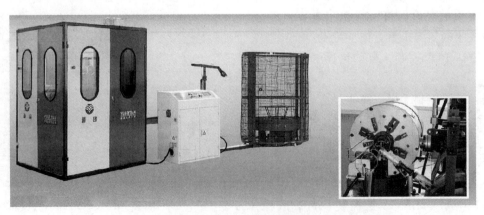

图 8-17　ZJ-1 自动卷簧机

（4）SRH型自动床垫弹簧机

如图8-18所示，该机是生产双锥型床垫弹簧的自动化设备。能自动完成弹簧的绕制、弹簧打结、热处理、整列输出等全部工序。采用机电一体化设计，性能稳定，调整方便，安全可靠，生产效率高。其主要技术参数如下：盘口直径$\phi70mm$、$\phi75mm$、$\phi80mm$、$\phi85mm$，弹簧圈数4~5圈、6~7圈，弹簧高度120~180mm，适用钢丝直径$\phi2.2$~$\phi2.4mm$，生产效率60件/min，总功率15.5kW。

8.1.6 DJ型弹簧打结机

如图8-19所示，DJ型弹簧打结机主要是将床垫、沙发上用的弹簧进行冷打结。以摆线针轮减速器为动力，生产效率高，打结牢固，耗能低。其主要技术参数见表8-6。

表8-6 DJ型弹簧打结机主要技术参数

型号	DJ-Ⅰ型	DJ-Ⅱ型
打结盘口直径（mm）	$\phi45$~$\phi90$	$\phi85$~$\phi120$
适用钢丝直径（mm）	$\phi1.8$~$\phi2.6$	$\phi2.8$~$\phi3.6$
主轴速度（r/min）	82	68
电动机功率（kW）	1.1	1.5

8.1.7 弹簧热处理烘箱

（1）TR型弹簧热处理烘箱

如图8-20所示，该机主要适用于各种规格床垫沙发弹簧的回火热处理。控制系统采用数字显示控温仪，能自动保持工作室内温度的恒定加热，热循环风系统使工作室内加热均匀，弹簧回火弹性好，质量稳定，生产效率高。箱体底部装有滚轮，便于移动和安装。其主要技术参数见表8-7。

表8-7 TR型弹簧热处理烘箱主要技术参数

参数名称	参数值		
规格（m²）	0.4	0.8	1.2
温度范围（℃）	室温-300		
恒温灵敏度（℃）	+5		
处理弹簧数量（只/次）	约3000	约6000	约10000
热处理弹簧时间（min）	45~60		
加热功率（kW）	6	9	12
风扇功率（kW）	0.55	0.55	0.75
工作室尺寸（mm）	710×750×750	800×1000×1000	1000×1200×1000

（2）TR-I型弹簧热处理机

如图8-21所示，TR-I型弹簧热处理机主要用于床垫、沙发弹簧的回火定型处理。该机采用调整选择最佳工作时间间隔和电流大小，作用于弹簧，使弹簧钢丝的机械性能得以改善和提高。其主要技术参数见表8-8。

表8-8 TR-I型弹簧热处理机主要技术参数

技术参数	数值
弹簧高度（mm）	100~200
适用钢线直径（mm）	1.8~2.6
工作速度（次/min）	20~55
输入电压（V）	二相380
输出电压（V）	Ⅰ档18，Ⅱ档22
输出功率（kV·A）	8

图8-18 SRH型自动床垫弹簧机

图8-19 DJ型弹簧打结机

图 8-20　TR 型弹簧热处理烘箱

图 8-21　TR-I 型弹簧热处理机

8.2　沙发专用设备

8.2.1　软垫填充机

深圳新群力机械有限公司专门生产沙发机械设备。如表 8-9 及图 8-22 所示，该机适用于外套真皮、布艺、仿皮（革）等软垫内芯的装填。操作步骤包括：内芯装机、收缩内芯、套装上机、内芯回弹、顶出封口等。

8.2.2　压模包边机

如表 8-10 及图 8-23 所示，压模包边机可极大地提高各种办公椅、会议椅、餐椅等椅面座垫包边操作的工作效率；床屏、琴凳、沙发脚踏、固定椅面等有特殊要求的产品生产可选用本系列其他型号产品；在使用时按椅面外形及尺寸配置海绵软模座、木质或其他硬质材料模座使用效果更佳。

表 8-9　软垫填充机的型号及参数

型　　号	ESF001 常规软垫	ESF001A 超大规格软垫
外形尺寸（mm）	520×730×1200	2100×1200×1200
适用规格（mm）	960×800×200	1800×1000×300
工作气压（电源，MPa）	0.6～0.8	0.6～0.8
净重（kg）	65	110
外形尺寸（mm）	1100×540×2200	1300×1800×1250
适用规格（mm）	最大高度≤800	600×1500×250
工作气压（电源，MPa）	0.6～0.8	1.5kW，380V50Hz
净重（kg）	75	90

表 8-10　压模包边机的型号及参数

型　　号	ESF002	ESF002A	ESF002B
外形尺寸（mm）	1700×800×200	680×300×950	695×600×1160
回转半径（mm）	460	485	485
工作气压（电源，MPa）	0.6～0.8	0.6～0.8	0.6～0.8
升降高度（mm）	≤250	≤185	≤250
净重（kg）	48	45	20

8.2.3　松紧带自动张紧机

如图 8-24 所示的各种型号松紧带自动张紧机，可保证松紧带位伸张力一致，带间距均匀可调，送带数随意选择；根据需要操作前可方便地调整松紧带送带的长度和张紧力的大小。操作步骤包括：送带（按钮）、外侧打钉、回拉（按钮）、内侧打钉、割带。

ESF003-2 松紧带张紧机适用于矩形、扇形、梯形等沙发框架，如椅子座框，转角沙发座椅等，采用时间调整松紧度。

ESF003-3 及 ESF003-3A 松紧带张紧机主要适用于矩形框架，采用气压调整松紧度，非常方便。

ESF006A 电动工作台为松紧带张紧机配套设计。强烈建议选用。

（a）ESF001 常规软垫

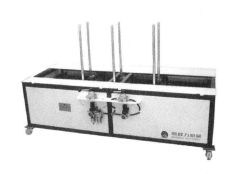
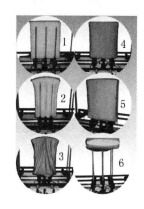

（b）ESF001A 超大规格软垫

（c）ESF001C 真空软垫填充机

（d）ESF001B 超薄规格软垫〔班椅靠背（垫）
填充机，适用于大班椅座椅靠背外套的装垫工序〕

（e）ESF001D 真空软垫填充机

图 8-22　软垫填充机

ESF003B 十二带张紧机适用于带靠背的沙发架、整体式沙发架、独立沙发框架等的松紧带拉紧。采用全气动，接上气源就可工作，安装维护非常方便。最多可装 12 条松紧带，带间距可调。外形尺寸(mm)：$L \times W \times H = 2000 \times 1600 \times 1500$；重量 90kg，气压>0.4MPa。

（a）ESF002 立式包边机

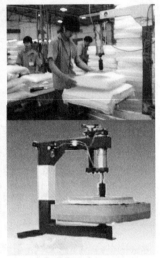
（b）ESF002A 台式包边机

图 8-23 压模包边机

8.2.4 扣皮万向工作台

如图 8-25 所示，扣皮万向工作台主要用于扣皮工序，可方便高速操作角度。产品有适用三人（高度可调）沙发和单人沙发两种型号备选。其型号及技术参数见表 8-11。

8.2.5 公仔棉填充机

公仔棉填充机型号很多，其主要型号及技术参数见表 8-12。

表 8-11 扣皮万向工作台型号及参数

型　号	ESF004	ESF004A
外形尺寸(mm)	$\phi680 \times H750$	$\phi650 \times H750$
回转半径(mm)	215	215
工作气压(电源，MPa)	0.6~0.8	0.6~0.8
可调高度(mm)	1015~1260	900
最大承重(kg)	140	100
净重(kg)	125	95

（1）ESF005B-1 简易开松填充机

如图 8-26 所示，主要适合于成品公仔棉（原料棉经过梳棉机蓬松处理并压缩包装的公仔棉）再蓬松及填充工作；或客户要求开松率较低时，可直接使用原料棉进行开松及填充。

（2）ESF005-2A 公仔棉定量填充机

如图 8-27 所示，当软垫被分成几格并且每格需要精确填充时，可选此机。方法是将每格需要的重量分别称好，倒入旋转桶依次填充。适用于各种短纤维（羊毛、公仔棉、碎海绵、羽毛等）按所需比例进行混合并定量均匀填充。

表 8-12 公仔棉填充机型号及参数

型号及名称	加工能力(kg/g)	工作气压(MPa)	电压(V)，50Hz	功率(kW)	外形尺寸(mm)	重量(kg)
ESF005-1 碎公仔棉填充机	170~200	—	380	6.6	2450×1000×950	190
ESF005-2 公仔棉填充机	70~80	0.6~0.8	380	1.5	750×830×900	80
ESF005-2A 公仔棉定量填充机	70~80	0.3~0.5	380/220	2.3	1900×1100×1800	200
ESF005-3 搅拌分配箱（两位）	容积 1.5m³	0.3~0.5	380	1.5	1200×1100×1600	100
ESF005-3A 搅拌分配箱（四位）	容积 2.3m³	0.3~0.5	380	3.0	1800×1100×1600	130
ESF005-4 送料风机	—	—	380	2.2	—	40
ESF005A-1A 公仔棉直梳蓬松机	120~150	—	380	4	2200×880×920	350
ESF005A-1B 公仔棉直梳蓬松机	260~300	—	380	5.5	2200×1300×1080	500
ESF005B-1 简易开松填充机	70~80	0.4~0.6	380	2.2	—	90
ESF005B-2 称量工作台	—	—	220	—	1600×1100×1800	80
ESF005B-3 公仔棉储料箱	容积 1.6m³	—	—	—	1200×1200×2200	120
ESF005C-1 碎公仔棉及填充机	100~120	0.4~0.6	380/220	7.37	2200×550×1250	200

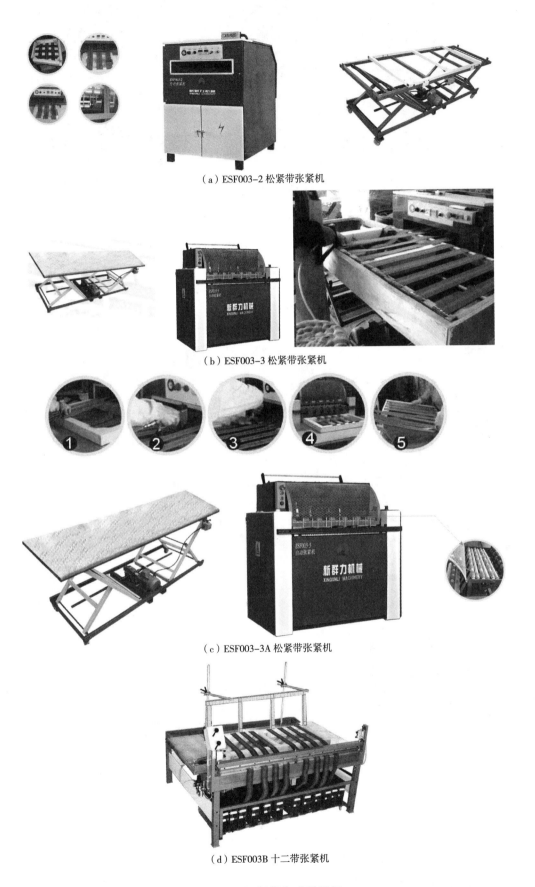

（a）ESF003-2 松紧带张紧机

（b）ESF003-3 松紧带张紧机

（c）ESF003-3A 松紧带张紧机

（d）ESF003B 十二带张紧机

图 8-24　松紧带自动张紧机

  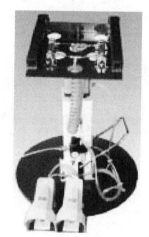

（a）ESF004 扣皮万向工作台　　（b）ESF004A 扣皮万向工作台　　（c）ESF004B 扣皮万向工作台

图 8-25　扣皮万向工作台

图 8-26　简易开松填充机

图 8-27　公仔棉定量填充机

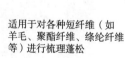

适用于对各种短纤维（如羊毛、聚酯纤维、绦纶纤维等）进行梳理蓬松

图 8-28　公仔棉填充机

（3）ESF005-2 公仔棉填充机

如图 8-28 所示，一般和 ESF005-1 或者 ESF005A-1A-1B-1C 配套使用。也可单独使用填充已开松过的公仔棉、碎海绵、羽毛等。

（4）ESF005A-1A-1B-1C 公仔棉直梳蓬松机

如图 8-29 所示，可单独使用，用手工填充，或与 ESF005-2 公仔棉填充机配套使用，效果更佳，对喷胶棉边角料开松再利用效果好。需要时可搭配送料风机及混料箱，以实现公仔棉与其他填充料的均匀混合，并可实现一台蓬松机带 1~4 台填充机。

（5）ESF005C-1 碎公仔棉开松及填充机

如图 8-30 所示，ESF005C-1 碎公仔棉填充机一般需与 ESF005B-2，ESF005B-3 一起配套使用，组成一个完整紧凑的公仔棉开松及填充系统，可由一人完成全部操作过程。主要适用于公仔棉蓬松及填充工作。本机组由储棉料斗、输送线、蓬松机、电子称量台等几部分组成，可由一人完成喂棉、蓬松填充、称量等工作，生产效率高。

（6）ESF005-1-2-3 碎公仔棉机及填充机

如图 8-31 所示，可单独使用，用手工填充，或与 ESF005-2 公仔棉填充机配套使用，效果更佳。对喷胶棉边角料开松再利用效果好。需要时可搭配送料风机及混料箱，以实现公仔棉与其他填充料的均匀混合，并可实现一台蓬松机带 1~4 台填充机。

（7）ESF005-3 混料搅拌箱与 ESF005A-1A-2-3-4 公仔棉蓬松混料搅拌填充系统

如图 8-32 所示是混料搅拌箱，将碎海绵与公仔棉或者羽毛进行混料搅拌。如图 8-33 所示是 ESF005A-1A-2-3-4 公仔棉蓬松混料搅拌填充系统。

8.2.6　升降工作台

如表 8-13 及图 8-34 所示，沙发生产厂不同规格软体家具产品，可选择具有升降、旋转、脚轮等不同功能的升降工作台。主要用于沙发整架的拉弹簧、打松紧带、喷胶、贴海绵、扣皮、检验、包装等工序。这种升降工作台运转平稳，操作方便，能极大地降低工人的劳动强度，可使产品质量和工作效率获得显著提高。其中 ESF006A 升降工作台与 ESF003 松紧带自动张紧机配套使用。单机升降范围在 500mm 之内，产品的使用升降高度由客户根据需要自行确定。

图 8-29　公仔棉直梳蓬松机

图 8-30　碎公仔棉开松及填充机

表 8-13　升降工作台型号及主要参数

型　　号	ESF006A 电动升降工作台	ESF006B 气动升降工作台	ESF006C 气动旋转升降工作台	ESF006B-3 气动升降工作台（增强型）	ESF006D-1 多功能裁皮工作台
外形尺寸（mm）	1800×800× （550~1050）	1800×800× （550~1050）	2000×1200× （540~1040）	2000×760×400	2000×2000×1100
工作台规格（mm）	2000×900	1800×800	2000×900	2000×900	φ2000
工作气压（MPa）	0.6~0.8	0.6~0.8	0.6~0.8	0.6~0.8	0.6~0.8
最大承重（kg）	150	150	150	160	150
升降高度（mm）	300~1050	550~1050	540~1040	250~1050	720~980
净重（kg）	70	60	90	120	120

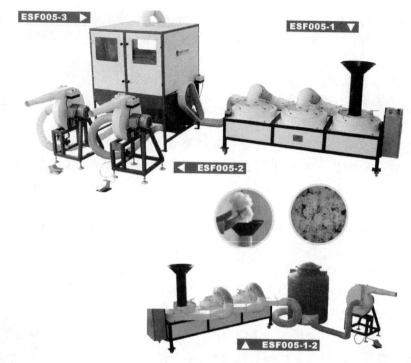

图 8-31　碎公仔棉机及填充机

图 8-32　混料搅拌箱

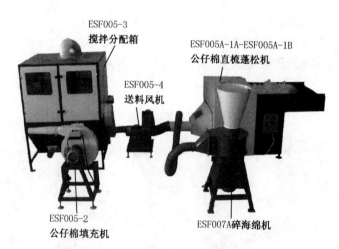

图 8-33　公仔棉蓬松混料搅拌填充系统

8.2.7　碎海绵机

如表 8-14 及图 8-35 所示碎海绵机，适用于破碎各种海绵边角废料，碎料直径可由更换筛网来控制。常用筛网孔径（直径）规格有：15mm、25mm 等，也可以根据客户要求定做。破碎机械部分维护极其方便。

表 8-14　碎海绵机型号及技术参数

型　号	ESF007	ESF007A	ESF007B
外形尺寸(mm)	1020×800×1550	920×640×1450	750×600×1260
电流频率	7.5kW/380V/50Hz	4kW/380V/50Hz	4kW/380V/50Hz
加工能力(kg/h)	40~50	30~40	30~40
净重(kg)	180	110	90

（a）ESF006A 电动升降工作台

（b）ESF006B 气动升降工作台

（c）ESF006B-3 气动升降工作台（增强）

（d）液压升降工作台

图 8-34　升降工作台

（a）ESF007B 碎海绵机

（b）ESF007A 碎海绵机

图 8-35　碎海绵机

8.2.8　海绵切割机

（1）ESF008 电热海绵锣机

如表 8-15 及图 8-36 所示的电热海绵锣机，适用于各种办公椅、餐椅座垫、班椅垫的海绵边缘进行各种圆角、斜角的切割。

（2）ESF011-1-2 海绵平切机

如表 8-16 及图 8-37 所示的海绵平切机，采用当前最先进的进口变频调整控制技术，主要用于发泡海绵的水平往复切片工作。全自动数字控制，操作简单，切割精确。

表 8-15 电热海绵锣机型号及技术参数

型号及名称	切削厚度(mm)	电压(V)	功率(kW)	外形尺寸(mm)	重量(kg)
ESF008 电热海绵锣机	≤100	220	0.5~0.7	1050×800×1350	80

表 8-16 海绵平切机的型号及技术参数

型号及名称	可切海绵尺寸 (mm)	电动机功率 (kW)	工作台移动速度 (m/min)	刀带周长 (mm)	外形尺寸 (mm)	切除厚度 (mm)
ESF011-1 海绵平切机	1650×2000	6.94	0~25	8500	5800×3500×2400	3~150
ESF011-2 海绵平切机	2150×3000	7.94	0~25	9480	7800×4200×2400	3~150

表 8-17 海绵仿型切割机型号及技术参数

型号及名称	最大切割尺寸(mm)	电动机功率(kW)	最大切割高度(mm)	刀带周长(mm)	外形尺寸(mm)
ESF0011C-1 海绵仿型切割机	1200×1500	3.8	600	6900	3000×2600×1500

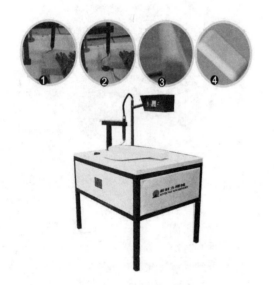

图 8-36 电热海绵锣机

带压辊

图 8-37 海绵平切机

（3）ESF011C-1 海绵仿型切割机

如表 8-17 及图 8-38 所示的海绵仿型切割机，主要用于特殊形状的泡绵加工切片工作，利用预先制作的不同形状模具，可完成圆柱、圆弧、枕头等特殊形状产品的加工。

（4）ESF011B-1-2 海绵角度切割机

如表 8-18 及图 8-39 所示的海绵角度切割机，主要用于沙发座垫、枕头、扶手等特殊海绵形状制品的斜角产品切割，成本低、效率高。

（5）ESF011A-3 海绵直切机

如表 8-19 及图 8-40 所示的海绵直切机，主要用于沙发座垫、枕头、扶手等特殊海绵形状制品的垂直切片，成本低、效率高。可根据客户要求加大工作台面尺寸或切割高度，也可做成分体式，便于运输、安装和使用。

图 8-38 海绵仿型切割机

表8-18 海绵角度切割机型号及技术参数

型　号	ESFO11B-1 海绵角度切割机	ESFO11B-2 海绵角度电动切割机
工作台尺寸(mm)	1000×1500×300	1000×1500×300
电动机功率(kW)	1.34	1.9
加工角度(°)	35~90	35~90
刀带周长(mm)	4620	4500
外形尺寸(mm)	1500×2000×2200	2500×1800×2400

表8-19 海绵直切机型号及技术参数

型　号	ESFO11A-3 海绵直切机	ESFO11A-4 海绵直切机
内工作台尺寸(mm)	1320×2290	1720×2290
外工作台尺寸(mm)	1200×2290	2000×2290
切割高度(mm)	600~800	600~800
电动机功率(kW)	1.68	1.68
刀带长度(mm)	7320~8100	8100~8900

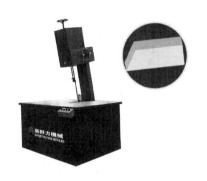

图 8-39　海绵角度切割机

图 8-40　海绵直切机

8.3 床垫专用设备

8.3.1 床垫缝制设备

(1)FBV 型自动翻转床垫缝边机

如图 8-41 所示,本机主要用于床垫的缝制。其自动化程度较原先的型号有较大提高。具有机头仰角调整、机头升降调整、缝纫速度调整等功能。该产品工作台面可移动,采用PLC 程序控制及人工智能操作,床垫在缝制中能自动行走、自动转角、自动翻转,提高了缝纫速度;机头在缝制转角处能自动升降、自动减速、自动复原、改善了缝纫质量,解决了四角缝边内翘问题;能连续缝完床垫四边,能自动移位到翻转位置后自动翻面,床垫的缝制只需一人操作,既提高了工作效率又减轻了劳动强度。其主要技术参数如下:机头工作仰角25°~65°,工作台输送带速度 0~14m/min,床垫缝纫厚度100~400mm,生产效率16~20床/h,电动机总功率 3kW,气源压力0.6~0.8MPa,工作台尺寸 3750mm×1982mm。

(2)FBA 型床垫缝边机

如图 8-42 所示,本机主要用于席梦思床垫的缝制,完成床垫面料与墙布之间的边缘包缝工作,

图 8-41　FBV 型自动翻转床垫缝边机

图 8-42　FBA 型床垫缝边机

也适用于其他床褥、沙发软垫、睡袋的缝制。机头可自动升降，以适应缝制各种高度的床垫。行走箱与机头驱动采用双伺服电动机，转角自动减速，自动上针位，转角装有缓冲器，使缝纫操作更加平稳方便。推板高度可调，人机性能更加合理。其主要技术参数如下：机头形式为无梭，机头升降范围 0~250mm，机头工作角度 32.5°~57.5°，床垫厚度缝纫范围 50~700mm，台面升降范围 0~250mm（可调），工作台面尺寸 1400mm×1950mm、1550mm×2050mm、1800mm×1950mm，机头转速 1100~3000r/min，行走速度 5.5~16m/min，生产效率 10~15 床/h，电动机总功率 1.63kW。

（3）FB 型床垫缝边机

如图 8-43 所示，本系列机型主要用于席梦思床垫的缝制，完成床垫面料与墙布之间的边缘包缝工作，也适用于其他床褥、沙发软垫、睡袋的缝制。其主要特点是工作台面电动升降且采用高强度独立支撑，使其工作台面更加稳定。内藏式旋转电器供电，对安装空间无特殊要求。其主要技术参数见表 8-20。

（4）FB-1 型床垫缝边机

如图 8-44 所示，本机主要用于席梦思床垫的缝制，完成床垫面料与墙布之间的边缘包缝工作，也适用于其他床褥、沙发软垫、睡袋的缝制。该机配备悬挂式旋转供电器，使机器可做连续缝纫。在缝纫的轨迹范围内，可任意定点工作，缝纫速度和过程可通过膝操纵杆得到控制。其主要技术参数如下：机头工作角度 35°~55° 内任意调节，工作台面升降范围 140mm，缝纫行走速度 5.4~6.8m/min，带轮无级调节，机架高度调节范围 0~60mm，工作台面尺寸 1400mm×1950mm，电动机总功率 0.75kW。

（5）SKB 型双拷机

如图 8-45 所示，本机主要用于床垫围边面料

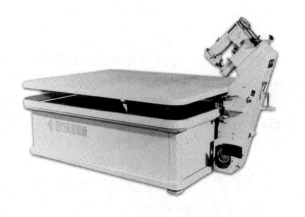

图 8-43　FB 型床垫缝边机

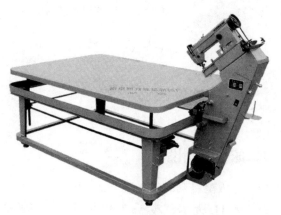

图 8-44　FB-1 型床垫缝边机

表 8-20　FB 型床垫缝边机主要技术参数

型　号	FB-Ⅱ型	FB-Ⅲ型	FB-ⅢA型	FB-ⅢB型
转角自动减速	无		有	
机头形式	有梭、无梭(可选)			
机头工作角度(°)	35~55			
床垫厚度缝纫范围(mm)	50~300，150~400，250~500			
台面升降形式	手动		电动	
工作台面尺寸(mm)	1400×1950，1550×2050，1800×1950			
机头转速(r/min)	1100~3000(根据不同型号缝纫机头选配)			
行走速度(m/min)	5.5~16(根据不同型号缝纫机头选配)			
生产效率(床/h)	10~15(根据不同型号缝纫机头选配)			
电动机类型	单、三相电动机		伺服电动机	
电动机总功率(kW)	0.75	1.12		1.37

的缝制和拷边，该机采用两个独立拷边机头，用双调频电动机控制机头的同步驱动，采用伺服电动机驱动聚氨酯胶辊送料，面料张紧装置及收卷机构可调，自动剪去拷边的多余面料。该机还装有真空废料收集器和料尾停机装置。其主要技术参数如下：拷边方式单边、双边，缝纫宽度 5~7mm，拷边宽度范围 150~500mm（可调），拷边速度：15~30m/min（可调），最大缝纫厚度≤20mm（中密度海绵褡花面料），针距 0~6mm（任意调节），压脚提升高度 15mm，额定气压 0.5~0.8MPa，电动机总功率 2.5kW。

（6）KB 型多功能拷边机

如图 8-46 所示，该机将床垫褡花面料及拉手布的拷边和缝制一次完成。采用上送步带和下送布牙综合送料。双汽缸、双针五线结构，压脚压力可调，自动上针位，无级调速，适用于不同质地面料的缝制。其主要技术参数如下：最大缝纫厚度 50mm，缝纫宽度 20mm、25mm，压脚提升高度 15mm，针距 0~6mm（任意调节），最高缝纫速度 5000 针/min；额定气压 0.5~0.8MPa，针杆形式单针杆、双针杆，电动机功率 560W。

（7）JQ 型长臂商标曲线缝纫机

如图 8-47 所示，该机主要用于床垫商标的曲线缝制，使缝制的床垫商标豪华美观。本机上、下轴为整体结构，采用无级调速电动机，自动上针位，使缝纫操作方便。其各种技术性能达到国际同类产品水平。其主要技术参数如下：机头跨度 780mm，缝纫最大厚度 40mm，缝纫速度 120~1500 针/min（推荐缝纫速度 120~500 针/min），压脚提升高度 25mm，摆针宽度 0~10mm，最大针距 4mm，电动机功率 560W（无级调速），额定气压 0.5~0.8MPa。

（8）JS 型长臂补花缝纫机

如图 8-48 所示，该机主要用于床垫褡花面料的补花工作。该机上、下轴为整体结构，采用无级调速电动机，自动上针位。新增压脚随针杆升降装置，使厚面料补花更为便捷、美观。其主要技术参数如下：机头跨度 780mm，缝纫速度 120~1200 针/min，缝纫最大厚度 40mm，压脚提升高度 20mm，电动机功率 560W（无级调速），额定气压 0.5~0.8MPa。

（9）WZJ 型床垫装饰五针机

如图8-49所示，五针装饰缝纫机适用于高档

图 8-45　SKB 型双拷机

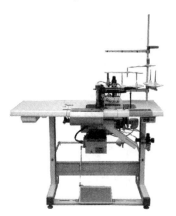

图 8-46　KB 型多功能拷边机

图 8-47　JQ 型长臂商标曲线缝纫机

图 8-48　JS 型长臂补花缝纫机

床垫面料的装饰缝纫。该机采用电子无级调速及自动上针位电动机和气动抬压脚装置。操作灵活，缝纫快捷，出色的装饰缝纫令床垫的绗缝感觉更高贵华丽。其主要技术参数如下：最高针速 2500 针/min；针间距 15mm，最大缝纫厚度≤40mm(中密度海绵面料)，针距 0~6mm 任意调节，压脚提升高度 10mm(气动)，电动机功率 500W(无级调速)，额定气压 0.5~0.8MPa。

(10)HF 型计算机多针绗缝机

如图 8-50 所示，该系列产品是以计算机为中心，集光、机、电为一体的新型多针高速绗缝机，所有产品均采用先进的计算机控制系统，其将操作步骤、过程显示于屏幕上，并可存储 1 万个花型，可方便进行调整，并具备设计花型的功能，使用方便、简单。

8.3.2 床垫边框钢丝加工设备

(1)JZ-Ⅰ型钢丝校直机

如图 8-51 所示，使用该机能使盘绕成卷的钢丝经校直后成为直条，便于弯折成床芯边框。也可用于其他钢丝的校直工作。其主要技术参数如

下：可校直钢丝直径 3.0~5.5mm，校直速度约 28m/min，电动机功率 3kW。

(2)JZ-Ⅱ型钢丝校直机

如图 8-52 所示，本机主要用于各种冷拉钢丝及其他有色金属线材的调直切断。该机可自动定尺切断线材，并连续生产。其主要技术参数如下：校直钢丝直径 3.5~6mm，切断长度 300~8000mm，调直速度 30m/min，调直电动机功率 4kW；切断电动机功率 1.5kW。

(3)ZW-Ⅰ型气动折弯机

如图 8-53 所示，用于折弯各种不同长度的弹簧床芯边框钢丝，钢丝定形尺寸准确，折弯圆弧美观。其主要技术参数如下：适用钢丝直径 4~6mm，折弯长度调节范围 1500~2000mm，最大折变角度 140°，工作气压 0.5~0.8MPa。

(4)ZW-Ⅱ型气动折弯机

如图 8-54 所示，该机主要用于各种床垫边框钢丝的 4 折弯。钢丝定型尺寸准确，折弯圆弧美观。其主要技术参数如下：适用钢丝直径 4~6mm，边框宽度调节范围 800~2200mm，边框长度调节范围 1600~2200mm，最大折弯角度 140°，

图 8-49 WZJ 型床垫装饰五针机

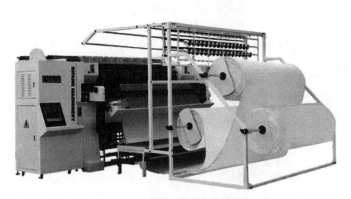

图 8-50 HF 型计算机多针绗缝机

图 8-51 JZ-Ⅰ型钢丝校直机

图 8-52 JZ-Ⅱ型钢丝校直机

图 8-53　ZW-Ⅰ型气动折弯机

图 8-54　ZW-Ⅱ型气动折弯机

工作气压 0.5~0.8MPa。

（5）DH 型边框钢丝对焊机

如图 8-55 所示，本型号对焊机采用手动装夹，焊接时用弹簧加压，利用电阻焊接法进行焊接。焊接紧固，焊缝饱满美观。广泛用于各类金属线材（钢丝、铜丝）的对焊接。生产效率高，是焊接床垫边框钢丝的专用设备。其主要技术参数如下：适用钢丝直径 3~7mm，输入电压三相 380V，次级电压 2.7~3.8V，7 档，额定容量 10kV·A，负载持续率 50%。

8.3.3　床垫生产辅助加工设备

（1）DBJ 型弹簧床芯打包机

如图 8-56 所示，该机主要用于将弹簧床芯进行压缩包装，可达到节省运输空间和费用的目的，可配工作台。其主要技术参数如下：最大打包规格 20 床×2100mm（H）×2000mm（W），压缩包尺寸 200~600mm（可调），一次性打包数量 16~20 张床芯，生产效率 20~30 包/每班，最大工作压力 400kN，功率 7.5kW。

（2）KBJ 型弹簧床芯开包机

如图 8-57 所示，该机主要用于将打好压缩包的弹簧床芯进行拆包工作，是床芯打包机的配套产品，是压缩床芯拆包必不可少的设备。其主要技术参数如下：适用的最大床网尺寸 2000mm×2200mm，一次可拆包的床网数量≤20 张，拆包速度<3m/min，产品外形尺寸 3200mm×2100mm×3220mm，电动机功率 2.2kW。

（3）CKJ 型床垫穿扣压缩机

如图 8-58 所示，本机专门用于支承、压缩床垫，便于床垫穿扣器在床垫上穿上羊毛扣或绒毡扣，使床垫更加美观实用。其主要技术参数如下：加工床垫的最大尺寸 2100mm×2000mm×420mm，每次加工床垫 1 床，床垫压缩后高度 50~200mm，床垫压缩调节范围 0~160mm，工作气压 0.8MPa，工作性质断续，最大压紧力 18kN。

（4）SB 型床垫塑料薄膜包装机

如图 8-59 所示，该机采用热合原理，将床垫用塑料薄膜进行封口包装，封口效果好，操作简便，可配工作台。其主要技术参数如下：包装宽

图 8-55　DH 型边框钢丝对焊机

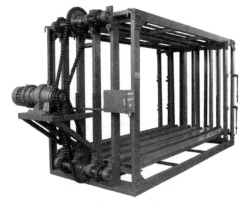

图 8-56　DBJ 型弹簧床芯打包机

图 8-57　KBJ 型弹簧床芯开包机

图 8-58　CKJ 型床垫穿扣压缩机

图 8-59　SB 型床垫塑料薄膜包装机

图 8-60　QY 型自动气眼机

度 2450mm，封口宽度 10mm，工作速度 1～2 次/min；工作气压 0.4～0.8MPa。

（5）QY 型自动气眼机

如图 8-60 所示，本机改变了床垫的气孔生产，使打孔、装嵌同步完成，可一次性打出四排孔，且每排孔的间距可任意调节。适用于铜制或铁制的气眼，该机操作简便、快捷，是生产高质量、高档次床垫理想的辅助设备。其主要技术参数如下：气眼冲头数 4 头，气眼（冲头）排距 27mm，气眼间距 40～80mm（可调），冲头行程次数 185 次/min（最大），电动机功率 370W，电动机转速 1400r/min。

（6）ZYSJ 型床垫真空压缩机

如图 8-61 所示，本机主要用于席梦思床垫的真空压缩包装。如可将每张 200mm 的床垫压缩为 40～40mm，达到节省运输空间和费用的目的。其主要技术参数如下：可压缩床垫最大尺寸 2100mm×2000mm，生产速度 20～25 张/h，包装薄膜厚度 0.08～0.1mm，工作气压 0.8MPa，功率 6kW，外形尺寸 2800mm×2700mm×2220mm。

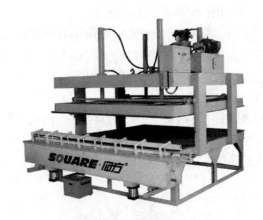

图 8-61　ZYSJ 型床垫真空压缩机

（7）JZJ 型断针金属探测器

如图 8-62 所示，该机主要用于床垫面料和棉毡、棕毡填料中断针的检测。能够确保床垫出厂时的安全性，是出口床垫生产厂必须的设备。其主要技术参数如下：检测宽度 900mm、2000mm（可多层折叠），检测标准：φ1.0～φ1.2mm/铁球，检测高度 100mm、120mm、150mm；灵敏度调节 1～10 档（无级调节），功率 0.14kW。

（8）JBJ型弹簧床芯卷包机

如图 8-63 所示，该机主要用于将弹簧床芯进行卷压缩包装，达到节省运输空间和费用的目的。其主要技术参数如下：卷包床芯规格 2000mm（宽）×160mm（高），每次卷包数量 10 张，卷包直径大约 500mm，卷进筒速度 10r/min，卷包速度 6卷/h；功率 6kW，气源压力 0.5~0.6MPa。

（9）JB-2 床网卷压包装机

如图 8-64 所示，本设备用于弹簧床网的卷压包装，以节约运输和仓储成本。该设备具有如下特点：

①采用 PLC 和触摸屏控制，自动化程度高，性能稳定。

②采用液压调速，进网速度连续可调。

③可卷制独立带装床网，亦适合普通床网。

④具有半自动剪切装置。

⑤具有半自动黏胶布装置。

其主要技术参数见表 8-21。

8.3.4　计算机绗缝设备

床垫加工一般采用计算机无梭滚筒送料多针绗缝机，用于制作绗缝高级床垫面料，采用计算

表 8-21　JB-2 床网卷压包装机主要技术参数

技术参数	数　值
主电动机功率（kW）	5.5
卸包电动机功率（kW）	2.2
托料升降架电动机功率（kW）	0.75
总功率（kW）	12.95
油泵电动机功率（kW）	1.5
发热丝功率（kW）	3
工作电源	3-Phase，380V50Hz
床网高度（mm）	60~180
一次卷包床网总数（张/卷）	最多 12
工作宽度（m）	最大 2.1
生产效率（张/h）	约 40
包装材料	牛皮纸或者编织布料等
主机外形尺寸（长×宽×高，mm）	3856×1300×1650

机控制系统，实时检测运转状态并作出提示，机械结构合理，绗缝精度高，绗缝图案美观。

（1）HC2000 型高速电脑无梭多针绗缝机（独立图案多花纹）

如图 8-65 所示，本机特点是：无触点，断线器装置；计算机控制，根据在料厚薄压板自动升降；无针柱式设计，耐磨、可靠；运转状态检测

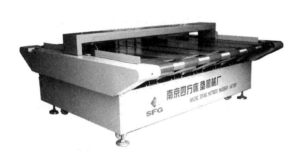

图 8-62　JZJ 型断针金属探测器

图 8-63　JBJ 型弹簧床芯卷包机

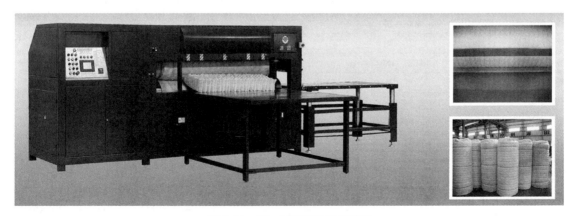

图 8-64　JB-2 床网卷压包装机

（a）HC2000X 型高速电脑无梭多针绗缝外形

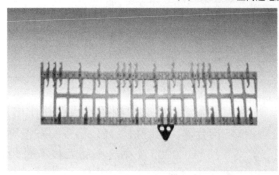

（b）高刚性高精度拨片架

（c）4m CNC 加工设备

图 8-65　HC2000 型高速电脑无梭多针绗缝机（独立图案多花纹）

及提示，机器运行情况一目了然；全新的计算机控制系统，合理的机械结构，绗缝精度高；可采用 140/22 的细针，速度可达 1200r/min；计算机控制钩子自动跟踪缝针装置；牢固可靠的钩子传动机构；机台斜面设计，便于操作，绗缝图案更完美；独立图案多花纹。主要用于制作绗缝高级床垫面料，床上用品、居家装饰各种各样花样。其主要技术参数见表 8-22。

表 8-22　HC2000 型绗缝机（独立多花纹）**主要技术参数**

技术参数	数　值
主机尺寸（mm）	5200×1500×2000
全机重量（kg）	4000
绗缝宽度（mm）	2450
运转速度（r/min）	600~1200
生产速度（m/h）	80~230
车针型号	140/22　180/24
针排距	(50.8, 76.2, 127); (76.2, 76.2, 152.4)
x 轴行程（mm）	450
针间距（mm）	25.4
工作电源	380V50Hz, 220V60Hz
步长（mm）	2~8
功率（kW）	6
绗缝厚度（mm）	≤80

（2）HC-94-3JA 型高速电脑无梭多针绗缝机（独立图案多花纹）

如图 8-66 所示，本机的特点是：断线自停，自动起针；剪线拉布速度快，生产效率比国内同类产品快 20%~50%；底线可选用普通混纺棉线，无须更换；缝制厚薄不同面料时，图案变形差距较小；采用气动剪线机构，由于剪线迅速，所以剪线齐整，基本上不露线头；双轴使用大功率原装松下产伺服电动机，可绗缝面料厚度≤50mm；特大的 x 轴行程（行程可达 450mm）能绗缝出超大型图案；一体化的机身设计，整机美观大方；独立图案双花纹机型是国内首创（涵盖独立图案，独立花中花 360°、180°图案）。主要适用于制作绗缝高级床垫面料，床上用品、居家装饰各种花样。其主要技术参数见表 8-23。

（3）HC-94-3JB 型高速电脑无梭多针绗缝机（独立图案花中花）

如图 8-67 所示，本机特点是：自动提针，断线自停；剪线拉布速度快，生产效率比国内同类产品快 20%~50%；底线采用普通混纺棉线，无须更换；缝制厚度不同面料时图案变形差距较小；

（a）HC-94-3JA 型高速电脑无梭多针绗缝机外形（独立图案多花纹）

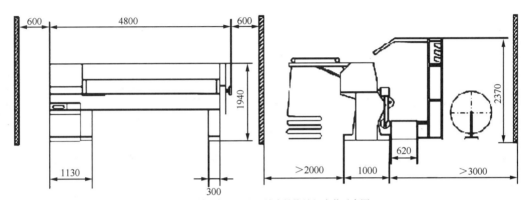

（b）HC-94-3JA 高速电脑无梭多针绗缝机安装示意图

（c）无触点断线器装置

（d）进口松下伺服电动机与驱动器

图 8-66　HC-94-3JA 型高速电脑无梭多针绗缝机(独立图案多花纹)

表 8-23　HC-94-3JA 型绗缝机技术参数 (续)

技术参数	数　值	技术参数	数　值
主机尺寸（mm）	5200×1220×2000	针间距（mm）	25.4
全机重量（kg）	4000	工作电源	380V50Hz，220V60Hz
绗缝宽度（mm）	2450	步长（mm）	2~7
运转速度（r/min）	750~950	功率（kW）	4.5
生产速度（m/h）	65~180	绗缝面料厚度（mm）	≤50
车针型号	180/24		
针排距（mm）	(50.8、76.2、127)；(76.2、76.2、152.4)		
x 轴行程（mm）	450		

采用气动剪线机构，由于剪线迅速，所以剪线齐整基本上下露线头；双轴使用大功率原装松下伺服电动机可绗制面料厚度≤50mm；独立图案花中

（a）HC-94-3JB 型高速电脑无梭多针绗缝机外形（独立图案花中花）

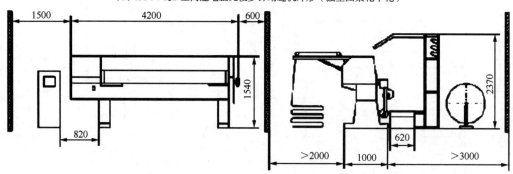

（b）HC-94-3JB 型无梭电脑绗缝机安装示意图

图 8-67　HC-94-3JB 型高速电脑无梭多针绗缝机（独立图案花中花）

花国内首创（涵盖独立图案，独立花中花、360°、180°图案）。主要适用于制作绗缝高级床垫面料，床上用品、居家装饰各种花样。其主要技术参数见表 8-24。

表 8-24　HC-94-3JB 型绗缝机技术参数

技术参数	数　值
主机尺寸(mm)	4800×1220×2000
全机重量(kg)	3500
绗缝宽度(mm)	2450
运转速度(r/min)	750~950
生产速度(m/h)	65~180
车针型号	180/24
针排距(mm)	(50. 8、76. 2、127)；(76. 2、76. 2、152. 4)
x 轴行程(mm)	250
针间距(mm)	25.4
工作电源	380V50Hz，220V60Hz
步长(mm)	2~7
功率(kW)	3.5
绗缝面料厚度(mm)	≤50

（4）HC-QG-D 型电脑自动裁剪机

如图 8-68 所示，本机特点是：与绗缝机配套使用，也可单独使用；按顾客要求自动裁剪；可裁片、裁条、裁边和卷布；通过触摸屏设置参数及 PLC 控制，操作简单、维护方便；红外线控制，切割精度高、操作安全；设有磨刀装置，便于刀片维护；工作稳定，振动小、噪声低、效率高；采用最先进的结构设计方案，领先国内同行。主要技术参数见表 8-25。

表 8-25　HC-QG-D 型电脑自动裁剪机主要技术参数

技术参数	数　值
主机尺寸(mm)	3750×2500×2100
重量(kg)	1000
出料板长度(mm)	2000
裁剪厚度(mm)	5~50
裁剪宽度(mm)	100~2500
输出速度(mm/min)	7000
总功率(kW)	3
工作电源	380V50Hz，220V60Hz
气压(MPa)	0.4~0.8

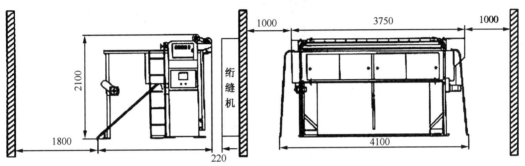

（a）HC-QG-D 型电脑自动裁剪机外形图

（b）HC-QG-D 型电脑自动裁剪机安装位置图

（c）切割好的面料

图 8-68　HC-QG-D 型电脑自动裁剪机

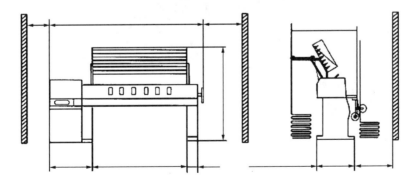

（a）HC-64″-94″型高速电脑有梭多针绗缝机外形图

图 8-69　HC-64″-94″型高速电脑有梭多针绗缝机

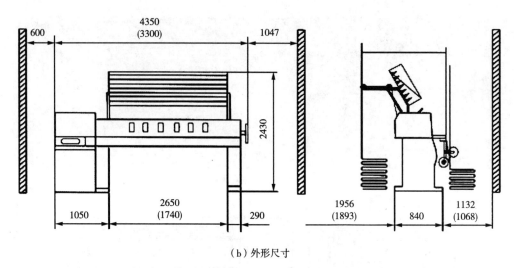

（b）外形尺寸

图 8-69　HC-64″-94″型高速电脑有梭多针绗缝机（续）

（5）HC-64″-94″型高速电脑有梭多针绗缝机

如图 8-69 所示，本机的特点是：多次跨步大图案绗缝；数控调速；自动提针（可选）；断线自停（可选）；压板统一调节；图案分段修改功能；方便快捷的花样编辑功能；自备大量绗缝图案供选择；双轴使用大功率日本松下伺服驱动系统（可选）；针速可达 450~550 针/min，针距 2~6m 任意设定；图案补偿功能，能有效地解决因绗缝材料加厚产生图案变形问题；已获国家专利局多项专利。本机主要适用于制作床褥、冷气被、制衣、手袋、手套、睡袋、床上用品。其主要技术参数见表 8-26。图 8-70 为线轴绕线器及绗缝的花纹花样。

表 8-26　HC-64″-94″型高速电脑有梭多针绗缝机技术参数

型　号	全机重量（kg）	最大宽度（mm）	鞍架行程（mm）	绗缝速度（n/m）	额定电压额定频率	功率（kW）	全机尺寸（mm）		
HC-94 三针尺	2300	2450	250	400~550	380V50Hz，220V60Hz	4	(L)4350	(W)1050	(H)1780
HC-94 二针尺	2100	2450	250	400~550	380V50Hz，220V60Hz	4	(L)4350	(W)1050	(H)1780
HC-64 三针尺	1800	1700	160　100	400~600	380V50Hz，220V60Hz	3.5	(L)3270	(W)1050	(H)1750
HC-64 二针尺	1600	1700	160　100	400~600	380V50Hz，220V60Hz	3.5	(L)3270	(W)1050	(H)1750

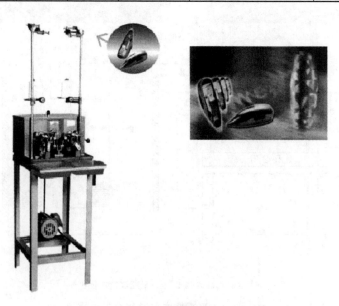

（a）线轴绕线器

图 8-70　线轴绕线器及绗缝的花纹花样

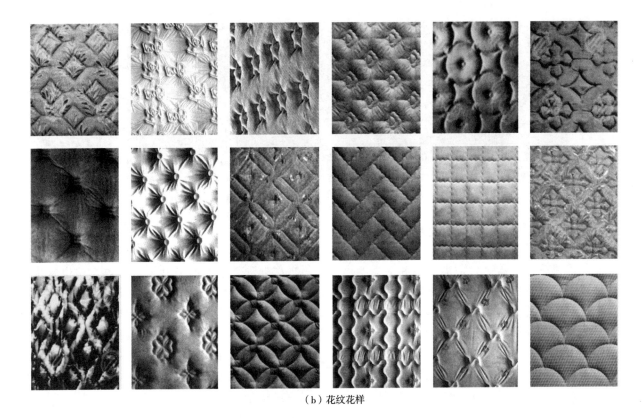

（b）花纹花样

图 8-70　线轴绕线器及绗缝的花纹花样（续）

8.4　软体家具面料智能化裁剪系统及解决方案

软体家具面料裁剪系统是软体家具行业迈向工业 4.0 的先行环节，在软体家具面料领域率先实现人工智能。它既能够满足消费者越来越多的个性化需求，包括面料的色彩、尺寸、款型等的个性化定制，又推动了软体家具生产企业向真正意义上的高效、盈利的定制企业转型。

下面，以 LECTRA 力克的织物面料裁剪和沙发皮革裁剪解决方案为例来详细介绍软体家具面料智能裁剪创新技术。力克提供软性材料 CAD/CAM 整合技术解决方案，为使用纺织品、皮革、工业面料以及复合材料的制造行业提供专业的软件、自动裁剪设备和专业服务。力克服务于众多全球市场，涵盖时尚服装业、汽车、家具以及其他多个行业。力克所提出的"数字互联"是以工业 4.0 为基础，将数据、人工智能、工业物联网和云技术有机结合，让制造企业可以通过人工智能的方式将数据进行云端处理，并在此基础上将所产生的"大数据"加以分类、分析整理，提升效率。

8.4.1　力克一体化织物裁剪解决方案

力克一体化织物裁剪解决方案是集样板开发、排料、铺布和裁剪等解决方案的开创性组合产品，可帮助家具制造商控制成本、最大程度减少浪费并缩短生产周期。其中，Vector 系列（图 8-71）为满足不同生产产能的需求，分两种：①Vector 低层裁剪系列：Vector Q25、Vector iX 和 Vector iXM 适用于压缩后 2.5cm 以内高度的面料裁剪生产。②Vector 高层裁剪系列：Vector iQ80、Vector iX6 可分别裁剪 8cm 和 6cm 以内的压缩面料。

力克 Vector 系列一体化织物裁剪解决方案可以帮助家具制造商扩大产品系列范围并更快地生产，从而满足各种各样的市场需求。具体优点有：实现制造敏捷性，并达到更高的生产力和产品质量；可轻松、高效、准确地管理批量生产，并最大限度延长正常运行时间；可实现更高的精度，更低的成本，更快的裁剪速度；可助力制造商实现裁剪房效率与利润双重升级。

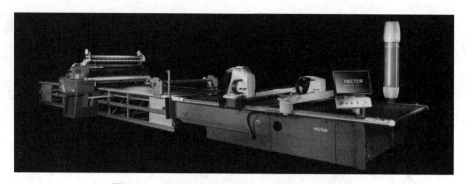

图 8-71　Vector 系列一体化织物裁剪解决方案

2019 年，力克在亚洲首推"Furniture on Damand by Lectra"按需生产裁剪解决方案（图 8-72）。该解决方案拥有一个数字化裁剪平台和一条与裁剪平台智能互联的完整高性能裁剪生产线，让企业实现最大化产量、数据共享和最少的人工干预，实现企业定制产品和小批量产品的生产需求。当订单正式生成后，生产线将可以自动根据面料备货情况以及不同订单的需求进行云端统一整合、计算，并将计算后的任务自动分解到裁剪设备，而无须像以往那样依赖打版师傅的经验。整个裁剪的流程中，最为重要的过程即"数据计算和分析"部分，已由云计算完成。100 个裁剪订单可以在云端一次完成，而不需要像以往那样由人工进行多次处理。这不但提升了裁剪效率，也减少了对技术工人的依赖。该解决方案包含两种套件：个性定制（Made to Customize）和按订单生产（Made to Order）。按订单生产（Made to Order）流程从自动创建裁剪订单开始，自动完成整个裁剪过程。而个性定制（Made to Customize）则延伸至上游，可以直接将来自最终消费者订单选定的产品款型、面料和组件组合在一起，转换为裁剪订单发送给裁剪房，实现"点击即裁剪（click and cut）"流程。

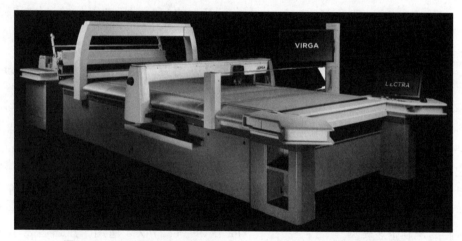

图 8-72　Furniture on Damand by Lectra 按需生产裁剪解决方案

8.4.2　力克一体化沙发皮革裁剪解决方案

力克 Versalis 一体化沙发皮革裁剪解决方案（图 8-73）具有强大的全自动排料系统，提供从原型制作到裁片的完全数字化皮革解决方案。与手工裁剪相比，自动化排料软件采用强大算法和最佳组合策略开发而成，可提升排料效率，节省多达 10% 的材料。同时，Versalis 可提供稳定的产量，以降低裁剪裁片的单位生产成本并缩短上市时间。此强大性能可使部分项目实现高达每小时 20 张皮革的生产能力。Versalis 还具有六种不同的配置供选，无论使用何种生产方式、皮革类型和皮革质量，它都能满足企业所关心的关键性能、生产力和灵活性需求。总之，力克 Versalis 一体化皮革裁剪解决方案可显著提高生产力、排料效率，并针对操作员按照人体工程学进行改进，从而提高整个生产周期内的产量。另外，裁剪解决方案中配有上百个传感器，可实时监控性能并预测故

图 8-73　力克 Versalis 一体化沙发皮革裁剪解决方案

障,即时向力克的热线支援中心报告问题。保证为设备提供最长的系统正常运行时间。

复习思考题

1. 蛇形弹簧机、串簧机、自动袋装弹簧机、袋装簧黏胶机、自动绕簧机、弹簧打结机、弹簧热处理烘箱各有哪些类型?其性能及主要技术参数分别是什么?

2. 软垫填充机、压模包边机、松紧带自动张紧机、扣皮万向工作台、公仔棉填充机、升降工作台、碎海绵机、海绵切割机各有什么性能及其特点?

3. 床垫缝纫机械、床垫边框钢丝加工机械、床垫生产辅助机械、计算机绗缝机主要包括哪些?各有什么特点与性能?

4. LECTRA 力克一体化织物裁剪解决方案、LECTRA 力克一体化沙发皮革裁剪解决方案各有什么特点?

参考文献

陈玉霞，申黎明，郭勇，等，2012，床垫的人性化设计对睡眠健康的影响[J]．包装工程，33(12)：36-39，71．

邓背阶，陶涛，王双科，2006．家具制造工艺[M]．北京：化学工业出版社．

狄荷蓉，1983．沙发的设计与制作[M]．北京：中国轻工业出版社．

黄艳丽，2017．是什么在重组北美软体家具行业？——全球软体家具行业现状调查[J]．家具与室内装饰(12)：76-79．

姜长清，1987．实用沙发与制作[M]．北京：中国林业出版社．

卡尔·艾克曼，2008．家具结构设计[M]．林作新，李黎，等编译．北京：中国林业出版社．

莱斯利·皮娜，2008．家具史：公元前3000—2000年[M]．吴智慧，吕九芳，等，编译．北京：中国林业出版社．

李文彬，2002．人体工程学与家具设计[M]．北京：中国林业出版社．

李雨民，1991．沙发的设计[J]．家具(2)：19-20．

梁启凡，2000．家具设计学[M]．北京：中国轻工业出版社．

刘定之，胡景初，1985．沙发制作[M]．长沙：湖南科学技术出版社．

刘鑫，吴智慧，吴燕，等，2015．棕纤维材料在床垫用品中的创新设计应用[J]．包装工程(14)：33-37．

穆斓，1983．沙发家具的制造与翻新[M]．香港：香港万里书店出版．

朴素严，译，2002．纺织沙发魅力绽放[J]．家饰，56-61．

秦婵，2000．工程力学[M]．广州：华南理工大学出版社．

上海家具研究所，1987．家具设计手册[M]．北京：中国轻工业出版社．

申黎明，2007．浅谈沙发表面材料[J]．家具，81-86．

苏娜，2018．丝瓜络床垫特性对人—床界面体压分布影响的研究[D]．合肥：安徽农业大学．

汪师本，1991．软体家具概述[J]．家具(1)：19-20．

吴木兰，1991．软体家具[J]．家具(5)：25-27．

吴木兰，1991．沙发的制作工艺[J]．家具(3)：22-25．

吴木兰，1991．沙发的制作工艺[J]．家具(4)：22-23．

吴震世，1999．新型面料开发[M]．北京：中国纺织出版社．

吴智慧，2013．室内与家具设计：家具设计[M]．北京：中国林业出版社．

吴智慧，等，2018．竹藤家具制造工艺[M]．北京：中国林业出版社．

吴智慧，2018．家具质量管理与控制[M]．北京：中国林业出版社．

吴智慧，2019．木家具制造工艺学[M]．3版．北京：中国林业出版社．

徐滨艳，2002．木质复合材料研究概况[J]．林业科技情报，32-34．

许柏鸣，2019．家具设计[M]．2版．北京：中国轻工业出版社．

许美琪，2007．国际软包沙发市场[J]．家具，70-73．

于伸，2004．家具造型与结构设计[M]．哈尔滨：黑龙江科学技术出版社．

詹姆斯·E·勃兰波，1992．软体家具工艺[M]．张帝树，等译．北京：中国林业出版社．

张继雷，2007．软体沙发力学设计及质保测试[J]．家具，38-44．

张英会，刘辉航，王德成，1997．弹簧手册[M]．北京：机械工业出版社．

张泽宁，2005．沙发出模与制作入门[M]．广州：广东科技出版社．

中国家具协会，2020．中国家具年鉴[M]．北京：中国林业出版社．

Addison R G，Thorpy M J，Roth T，1986. A Survey of United States Pubic Concerning the Quality of Sleep[J]. Sleep Res (16)：244.

Simon Yates，1988. An Encyclopedia Charirs[M]. Pubished by Crange Books.

James E. Brumbaugh，1983. Upholstering[M]. Theodore Audel & CO. Indianapolis，New York.